KB036900

자신감은 어디선가 불쑥 나타나는 것이 아니다.
그것은 어떤 것의 결과이다. 몇 시간, 며칠, 몇 주, 몇 년의
끊임없는 노동과 헌신의 결과인 것이다.

로저 스타우바흐

나는 언제나 만개한 꽃보다는 피어나려는
꽃봉오리를, 소유보다는 욕망을, 분별 있는
연령보다는 청소년 시절을 사랑한다.

지이드

우리의 인생 뒤에 남는 것은
우리가 모은 것이 아니라 우리가 준 것이다.

제라르 헨드리

사람은 누구나 자신의 시야의 한계를
세계의 한계로 간주한다.

사르트르

아무것도
모르면서

아무것도
모르면서

펴낸날 2019년 9월 30일 1판 1쇄

지은이 김지혜
펴낸이 김영선
교정·교열 이교숙, 이라야
경영지원 최은정
디자인 현애정
마케팅 신용천

펴낸곳 (주)다빈치하우스-미디어숲
주소 경기도 고양시 일산서구 고양대로632번길 60, 207호
전화 (02) 323-7234
팩스 (02) 323-0253
홈페이지 www.mfbook.co.kr
이메일 dhhard@naver.com (원고투고)
출판등록번호 제 2-2767호

값 14,800원
ISBN 979-11-5874-058-0 (03590)

● 이 책은 (주)다빈치하우스와 저작권자와의 계약에 따라 발행한 것이므로 본사의 허락 없이는
  어떠한 형태나 수단으로도 이 책의 내용을 사용하지 못합니다.
● 미디어숲은 (주)다빈치하우스의 출판브랜드입니다.
● 잘못된 책은 바꾸어 드립니다.

이 도서의 국립중앙도서관 출판예정도서목록(CIP)은 서지정보유통지원시스템 홈페이지(http://seoji.nl.go.kr)와 국가자료공동목록
시스템(http://www.nl.go.kr/kolisnet)에서 이용하실 수 있습니다.(CIP제어번호: CIP2019032089)

부모가 모르는
십대의 속사정

아무것도
모르면서

김지혜 지음

부모가 이해하고 공감할수록
아이는 스스로 성장한다

미디어숲

까짓것 고민 좀 해 보자!

삶의 만족도 세계 꼴찌

주관적 행복지수 OECD 22개국 중 20위

2019년에도 우리나라 청소년들이 암담한 순위를 기록했다. 한국방정환재단이 연세대 사회발전연구소 연구팀과 함께 초등학교 4학년에서 고등학교 3학년까지 총 7454명의 학생을 대상으로 실시한 조사 결과라니 믿기지 않지만 믿을 수밖에 없는 사실이다. 여기에 더해 유엔아동기금(UNICEF;유니세프)에서 발표한 '국가별 학업 스트레스 설문조사' 결과는 대한민국이 50.5%로 세계 1위를 차지했다.

최근 통계자료(2019. 5. 1)를 보면 우리나라 총 인구 5,171만 명 중 청소년은 877만 명이라고 하는데, 약 17%의 비중을 차지하는 십대의 아이들이 행복을 느끼지 못하고 매일 스트레스를 받으며 하루하루를 살아가고 있다는 것이다.

개인적으로 청소년의 주관적 행복지수가 높기를 바랐다. 누군가와 비교하지 않고 자신이 느끼는 행복의 정도가 커져서 스스로 만족하는 삶이기를, 완벽하고 완전하지 않지만 나름 '이정도면 아주 좋아!'라고 자신을 위로하고 격려하는 주체이기를 기대하고 있었던 것이다. 하지만 안타깝게도 매년 보도되는 통계수치에 실망을 거듭하고 있다.

생각해 보면 주관적 행복지수를 이루는 여섯 항목 즉, 주관적 건강, 삶의 만족, 학교생활 만족, 어울림, 소속감, 외로움을 우리 청소년이 부정적으로 체감하고 있다는 사실은 인정할 수밖에 없다.

-성적에 대한 부담
-학교 공부로도 모자라 학원으로 몰리는 실정
-친구들과 같이 어울릴 시간 없이 쫓기는 생활
-마음을 나눌 여유 없는 각박한 심적 자유
-친구와 상대적으로 비교되는 가정환경에 대한 불만
-부모 강요에 의해 묵살되는 자기 의견
-무엇하나 잘 하는 것 없어 수그러드는 자존감
-어디에서나 있으나마나한 존재감

현재 우리의 청소년이 떠안고 있는 문제의식이자 스트레스의 원인들이다. 이런 갈등과 상처를 껴안고 있기에 친구의 아픔에 대해 모른 척하고 외면한 채 살아가고 있는 모습이 통계자료에 고스란히 드러났다고 볼 수 있다.

특히 학교 교실에서 만나는 아이들의 표정을 보면 잘 알 수 있다. 웃음을 잃어가는 아이들. 성적에 내몰려 밤늦게까지 공부하고 기운 없이 책상에 엎드려 있는 모습은 아무리 그들의 등을 두드려주고 곁에서 '파이팅!'을 외쳐준다 해도 근본적인 문제해결이 될 수 없다는 것을 느낀다. 당장 그들이 당면한 문제를 하나도 해결해 줄 수 없고 떠안고 있는 짐을 대신 짊어질 수도 없는 노릇이며, 당장 사회구조를 바꿔 누구나 원하는 일을 하며 모두 잘사는 사회로 만들어주지도 못하니까 말이다.

'제발, 어떻게 좀 해 봐요. 어른이잖아요. 선생님이잖아요.'

갈구하는 아이들의 눈빛을 보고 있으면 두 발만 동동 굴러진다.

'아이는 나라의 미래'라는 슬로건은 몇십 년 동안 변하지 않았다. 그런데 우리 청소년의 기운에서 읽히는 미래의 모습은 어두운 회색이다. 기성세대나 사회에서도 인식하고 있지만 달리 손을 쓰지 못하고 있다. 아니, 더 치열하게 몰아붙이고 있다. '일단, 공부부터 해.', ' 좋은 대학부터 가고 보자.', '네가 잘 돼야지.', '친구는 무슨, 경쟁자야.' 등 아이들에게 숨 쉴 틈을 주지 않는 것이다. 익숙하게 잘 따라가는 아이들조차도 버겁다. 스스로 던지는 '대체 나는 누구인가?', '내 삶의 주인은 누구인가?' 질문 앞에 고민스럽다. 입 밖으로 꺼내지 못하는, 꺼낼 수조차 없는 고민들.

몇십 년 전에 내가 했던 고민을 그대로 21세기를 살아가는 아이들이 한다는 것 자체가 놀랍다. 세기가 변하고 과학이 발전하고 전 세계로 활동반경이 넓어진 시점에서 우리나라 청소년들의 고민은 고인 물처럼 전혀 변한 게 없다. 오히려 썩어가고 타들어가는 듯 보인다. 어쩌면 이 사회가 아이들에게 너무 무겁고 큰 멍에를 씌우고 있는 건 아닐까. 이 부분에 있어 아이들에게 미안하다. 일순간 제도가 개선될 여지가 없고 사회 구조가 일시에 변하지 않는다는 것을 알기에 더 그렇다.

바로 이 점이 이 책을 쓰게 된 동기다. 다른 것은 몰라도 '공감'과 '위로' 더 나아가 고민에 대한 '대안' 제시로 우리 십 대 아이들의 어깨를 짓누르고 있는 무게감을 덜어주는 것은 가능하지 싶었다. 매일 만나는 학생들이고 가장 힘이 되어주고 싶은 어른이자 선생님이기 때문이다.

아이들의 고민 1순위 성적이나 꿈, 갈등 1순위 부모와 이성 친구, 혼란 1순위 외모나 자존감 등 아이들이 치열하게 싸우고 있는 것들과 심각하게 받아들이고 있는 것들을 묶어보았다. 보호자의 입장에서는 이해 못 하는 것들이자 우리 십 대들이 대화하자고 들면 부모의 일방통행이 되어버리는 난제들이다. 해결되지 않는 이 문제들에 있어 우리의 십 대들은 '짜증난다, 멘붕이다, 망했다, 미치겠다, 자살하고 싶다, 죽어버리고 싶다, 재수 없다.'고 한다. 자극적인 표현에 어른들은 당황하지만 그들이 마음을 달래는 방법이다. 나무라기보다는 청소년에 대한 이해가 필수적으로 따라야 한다.

학생들 저마다 고민이 다양하고 각자가 견딜 수 있는 무게감 또한 다르다. 학생들을 상담하며 고민은 성장의 과정에서 당연히 겪는 통과의례고 혼자만의 고민이 아니라는 것을 말해주고 싶었다. 자기만 가지고 있는 상처이기에 덮기에 급급하고 감추는 것이 상책이라고 믿는 아이들에게 아픔을 드러내고 고민하며 치유의 방법을 찾는 것이 더 현명한 길이라는 것을 보여 주고, 공유와 공감을 얻어 삶의 근력이 더 단단해질 수 있다는 것을 알려주고 싶었다.

우리 청소년들이 활발한 웃음 뒤에 감춘 고민을 홀홀 털어버리고 어깨 펴고 당당하게! 꿋꿋하게 살아가기를 바란다. 그 누구도 대신 살아줄 수 없으니까! 그리고 '나'의 문제니까!

그래, 까짓것 우리 고민 좀 해 보자!

part 1 꿈

나도 날고 싶어요

part 2 공부

중요한 거 아니까 열심히 하잖아요

part 3 외모 콤플렉스

나를 가꾸고 싶어요

part 4 엄마

있는 그대로 나를 인정해주세요

part 5 이성 친구

나를 설레게 하는 그 애가 좋아요

part 6 자존감

저는 괜찮지 않아요

아이들이 꾸는 '꿈'은 '거창하고 다른 사람에게
인정을 받을 수 있는 그 무엇'이 아니다. 자기가 하고 싶은 것들이고
자신을 무궁무진하게 펼쳐 보이는 도구다.
우주도 가보고 나라 전체를 쥐락펴락할 수 있는 용기를 주자

꿈

나도
날고 싶어요

01

나도
나를 모르겠어요

'나는 누구인가?' 고민과 함께 시작되는 사춘기. '어떻게 살아야 할까? 무슨 일을 하며, 어떤 모습으로 살아갈까? 진짜 좋아서 할 수 있는 일은 뭘까? 이대로 살아도 괜찮은가?' 등 아이들이 자신에게 던지는 질문이 끝도 없다.

스스로 던진 질문의 답을 찾기 위해 고민에 빠지기도 하고, 자신이 꿈꾸는 이상과 현실의 차이에 좌절하기도 한다. 어디 그뿐인가. 벌써 자기 진로를 결정하고 성큼 앞서가는 친구가 부럽기도 하다. 상대적으로 못나 보이는 자기 모습을 직시하고 괴로워한다. 미성년의 단계를 벗어나 성년으로 가는 길목에 서 있지만 어느 방향이 자기와 맞는지 어떤 방법으로 가야 하는지 막막할 뿐 나아가지도 그렇다고 주저앉지도 못하는 상황이다. 이 와중에 부모님은 '돌격 앞으로!'를 외치고 진격하라고만 하니 미쳐버릴 지경이다. 공부는 지겹고 학교는 답답하며 사회는 무섭다.

심리학자 에릭슨Erikson은 청소년기는 사회적 요구와 생물학적 성숙이 최고조에 이르는 시기로 사회와 문화가 요구하는 가치에 대한 갈등과 주관적인 경험을 통해 '나는 누구인가?'에 대한 생각, 즉 자아정체감을 형성해 간다고 했다. 한 개인이 겪은 위기, 기회, 그리고 개인적인 노력의 합을 통해 자신에 대한 개념을 정의하게 된다는 것이다.

사실 우리나라 십대들의 '나는 누구인가'라는 질문에는 '나의 시험 성적은 어떠한가'가 함께 따라붙는다. '나'를 성적으로 평가하고 판단해 버리는 어른들이 싫지만 자기 자신조차도 '영어 잘하는 애, 수학 잘하는 애, 우리 학교 전교 1등' 이렇게 시험점수를 배경으로 자신과 주변 친구들을 규정 지으며 자신을 평가한다.

어릴 때부터 들어왔던 '일류 대학'이 자신도 모르는 사이 목표가 돼버렸고 성적만으로 비교되는 학창시절을 보내고 있으니 성적과 연관 지어 사람을 평가하는 것이 어쩌면 당연해 보인다. 이렇게 '좋은 성적=좋은 대학=인생 성공'의 공식이 주입된 상황에서 진정한 '나'를 찾는 고민을 해야 하는 십대들은 버겁고 혼란스럽다.

여기에 더해 초등학생 시절에는 '공부만 잘하면 된다, 공부를 잘해야 인정받고 원하는 일을 할 수 있으며, 나아갈 수 있는 길이 많다'던 부모님은 자녀가 청소년 시기에 접어들자 "너는 꿈도 없니? 하고 싶은 게 뭐니?, 목표가 뚜렷해야 좋은 대학에 갈 수 있다"고 장래희망 운운하며 진로 결정을 종용한다. 엄청난 학습량을 감당하는 것도 힘든 시기에 진로에 대한 부담까지 가중되는 것이다.

　이제까지 자신의 적성이나 희망에 대해 진지하게 고민한 적도 없었는데 꿈에 대한 질문까지 받으니 어안이 벙벙하다. 바로 대답하지 못하고 생각해 보려는데 그 순간도 참아주지 못하고 질책이 쏟아진다.

　"대체 넌 무슨 생각으로 사는 거니?"

　아이들은 이런 자신을 향한 주위의 과도한 기대와 관심, 실망과 우려가 부담스럽고 감당하기 힘들다.

　고3 연호는 동생 서연이가 부럽다. 중3인 여동생 서연이는 예고에 가겠다고 선포했다. 만화가가 되고 싶고 그림공부를 제대로 해보고 싶다는 것이다. 어렸을 때부터 연습장에 만화캐릭터를 끄적거렸던 여동생이었으니 어쩌면 마땅한 진로 선택인 듯싶지만 연호가 보기에는 기껏해야 '좀 그릴 줄 아네.' 정도의 실력으로 예고에 가겠다니 너무 세상을 만만하게 보는 것 같다. 미술대회에서 상 한 번 받아 본 적 없고 타고난 소질도 없는데, 저 근거 없는 자신감은 도대체 어디서 나오는 건지…… 연습장에 캐릭터 한 번 안 그려 본 사람이 어디 있다고. 연호는 서연이의 무모한 도전에 코웃음을 쳤지만 문득 자신은 도전하고 싶은 것 자체가 없다는 생각이 들었다.

　무난한 우등생인 연호는 국어성적이 좋아서 문과를 선택했지만 자신이 진짜 무엇을 좋아하는지 모르겠다. 유독 잘하는 것도 없고 유독 못하는 것도 없다. 딱히 정해 둔 목표가 없으니 갈수록 공부에 대한 흥미도 떨어진다.

　오늘만 해도 내일 보는 국어수행평가 준비를 하고 겨우 할 일을 마쳤다는 것에 만족하며 하루를 힘겹게 마무리하려 했던 것이다. 그저 그런 하루를 그저 그렇게 보내고 있다. 대체 '나는 무엇을 꿈꾸는가.', '나는 잘 살고 있는 건가.' 새벽 1시가 넘어가고 있지만 연호는 잠도 오지 않는다.

교사 입장에서 묵묵히 현실을 받아들이고 성실하게 학교생활을 하는 연호와 같은 학생들이 제일 안타깝다. 삶의 즐거움을 찾지 못하고 지루한 일상을 반복하며 의욕을 상실해가기 때문이다.

학교에서 실제적인 상담사례를 훑어보면 '어떻게 하면 좋아하는 일을 잘 할 수 있을까요?'라는 고민보다 연호처럼 '내가 뭘 좋아하는지 모르겠다'에 대한 고민사례가 훨씬 더 많다. 자기 자신에 대한 의구심을 그대로 품은 채 그냥 공부하고 그냥 학교에 오고 그냥 시간을 보내는 것이다. 학교에서도 집에서도 자기의 본분에 충실하지만 자신에 대한 고민 없이 고등학교를 졸업하고 대학에 가고 그렇게 어른이 되어가는 것이다.

'내가 어떤 사람이고, 무엇을 좋아하는지'에 대한 고민은 영어공부, 수학 숙제에 밀려 생각해 볼 겨를이 없었고 목전에 닥친 시험이나 평가 때문에 언제나 고민의 우선순위 밖으로 밀어냈던 것이다. 학생들은 지금껏 자신이 스스로 결정한 것을 수행하기보다는 부모 혹은 교사가 시키는 대로 착실하게 이행하며 살아왔다. 커다란 변화가 없다면 이대로 쭉 살 것이었다. 이런 학생에게 '너'를 한 마디로 표현해 보라고 하면 "나요?", "나요?"라는 말만 반복하며 선뜻 말하지 못한다. 이런 모습이 현재 우리 십대들이다. 반면에 성실하고 착실히 학생의 본분을 다하

기에, 생활기록부에 적히는 그들의 모습은 한 단어로 표현된다. '모범 생!'

어릴 적부터 공부에 있어서 수동적으로 살아 온 학생들은 고등학교에 입학하여 엄청나게 불어난 공부량에 직면하면 한계에 부딪힌다. 그 동안은 자기 의지가 아닌 부모의 권유에 순응해서 하라는 대로 해도 무리가 없었지만, 고등학교의 교과목이나 분량, 난이도는 그들을 당황시키는 것이다. 자꾸만 성적이 떨어지는 아이들을 붙잡고 그 이유를 물으면 대답은 각양각색이다.

"부모님이 공부를 열심히 하라고 해서 재미없지만 그냥 했어요.", "부모님이 ○○대학은 꼭 가야 한다고 해서 문제집만 풀었어요.", "저는 수학을 못해서 문과를 왔어요. 그런데 문과체질이 아니에요", "적성보다는 취업 잘 되는 진로를 선택하려고요."

모두 다른 듯싶지만 결국은 '나도 나를 모르겠어요'란 말로 통한다. 좀 더 근본적인 원인을 찾자면 자신이 정한 목표나 목적이 없었기에 공부의 동력이 소멸된 것이다. 그래서 미래에 대한 부푼 꿈으로 펄펄 날아야 하는 청소년기의 의욕이 땅으로 곤두박질치는 것이다.

그럼에도 불구하고 우리 십대들은 스스로 하지 않으면 안 되는 현실을 실감하고 입시경쟁과 진로선택에서 이제는 더 이상 물러설 곳이 없음을 안다. 그래서 "내가 뭘 좋아하는지는 중요하지 않은 것 같아요. 미래를 위해서 열심히 공부해야 하는 거죠."를 해답처럼 꺼내든다. 어떤 학생들은 "현실과 이상은 다르잖아요. 어떻게 자기가 좋아하는 것만 하면서 살 수 있어요? 그렇게 사는 사람 몇이나 돼요?"라며 냉소적 반응을 보이기도 한다. 아마도 언론이나 부모로부터 익숙하게 들어왔던 말이지 싶다.

청소년의 심리를 연구하다 보니 자기가 누구인지 고민하고 어떻게 살 것인지에 대해 생각하는 아이들은 그나마 건강한 아이들이었다. 자기를 탐구하며 스스로 나아가야 할 길을 찾기 때문이다. 그들이 탐구하는 '나', '미래', '꿈'에 대한 고민은 어른들의 상상 그 이상이다. 그래서 이제 "제가 도대체 뭘 좋아하는지 모르겠어요."라고 말하는 아이들을 보면 "내가 누군지 알고 싶어요."라고 호소하는 것으로 받아들여진다.

"너희들 같은 때를 사춘기라고 한다. 이때부터는 눈에 띄게 외모도 달라지고 자신이 누구인지 끊임없이 고민하고 그렇기 때문에 방황도 다른 시기보다 많이 한다. 그래서 이 시기를 '질풍노도의 시기', '과도기'라는 말로 표현하지. 그러니까 지금 너는 자신과 싸우고 있는 거야. 이왕 싸우는 거 신나게 싸워. 반항하고 저항하고, 투쟁하며 자신을 알아가고 만들어가는 거야. 그리고 시원스럽게 자신을 인정하는 기지. 잘난 부분은 당연하고 못난 부분까지!"

어른들은 십대인 자녀가 사춘기를 잘 보내서 멋진 어른이 되기를 기대하면서도 한편으로는 무난하게 부모님, 선생님 말 잘 듣는 착한 아들, 딸로 자라주기를 바라는 마음이 있다. 그렇기 때문에 언제나 대화의 말미에 고민에 대한 위로와 공감 대신 기대를 나타낸다. 그러나 이 말을 듣는 아이들은 상당한 압박을 받는다. 바로 '멋진 어른'이 되기 위해 사춘기 시절을 잘 보내야 한다는 것. 지금의 괴로움이나 힘듦은 너끈히 감수해야 하고 고통은 자기 몫이라는 것. 누구도 자신에게 힘이 되어주지 않는다는 것.

어른들은 아이들을 가르쳐야 한다는 막중한 책임감으로 그들을 바라보고 주지시키려 한다. 그러나 꼭 생각해 봐야 할 것은 자녀교육에 대해 고민하는 학부모, 학생들을 지도하는 교사들도 모두 하나같이 '사춘기'라는 것을 염두에 두고 아이들을 재단하려 들지만, 정작 십대를 위해 그들이 고민하는 '나는 누구인가'에 대한 감정적 배려와 그들이 비집고 들어가 위로받을 공간을 두지 않는다는 것이다. 그러기에 아이들은 차라리 어른들이 모른 척해주거나 자기에게 무관심해주면 좋겠다고 생각한다. 어느 누구도 심정적으로 공감을 해주지 않는 데서 오는 괴리감에 부모와 대화를 끊고 일방적인 소통은 의미가 없다는 판단 아래 스스로를 단절시킨다. 그 결과 세대 간에 두터운 벽이 생겨 극복할 수 없는 문제로 치닫는 것에 아이들은 겁내지 않는다. 어쩌면 마음 편해할지도 모른다.

　'우리 아이는 착해요'를 자부심으로 삼는 부모는 오히려 그 착한 아이를 걱정해야 한다. 갈등과 고민 없이 온실 속의 화초처럼 자란다면 나약한 어른으로 자랄 수밖에 없기 때문이다. 치열하게 자기 자신과 싸워보지도 못한 사람이 어찌 세상과 싸우겠는가. 자존감을 확립하는 사춘기에 접어든 아이들만큼 부모도 시각을 달리해야 한다. 한 명의 귀한 인격체로 존중하고 간섭하기보다 응원해야 하는 것이다. 부모의 기준을 들이대지 말고 아이들이 자기만의 기준을 갖고 살아갈 수 있도록 도와주어야 한다.

　무난한 학창시절을 보냈던 나 또한 돌이켜보니 그 시절 내가 어떤 사람인지, 무엇을 좋아하는지 고민이 많았다. 하지만 바쁜 부모님, 거리감이 느껴졌던 담임선생님께 이런 내 속내를 편하게 말할 수 없었다. 부모님이 공부하기를 강요하지 않으셨기 때문에 공부에 대한 스트레스는 많이 받지 않았지만, 한편으로는 어느 누구도 나에게 가이드라인을 알려주지 않는 것이 불만이었고 때로는 부모님의 적극적인 지지로 인생의 방향을 설정하고 그것에 매진하는 친구들이 부럽기도 했다. 이렇게 말하면 누구는 '복에 겨워'하는 소리라고 한다. 하지만 삶에는 양면성이 있어 어느 쪽이든 불만스러울 수 있다. 그래서 어느 쪽을 보느냐가 관건인 것 같다.

시형이는 축구를 즐기는 평범한 고등학생이다. 공대에 진학해서 남들처럼 직장인의 삶을 살아야겠다고 생각하지만 마음속에 항상 축구에 대한 미련이 있다. 학교에서는 축구 좀 하는 학생이지만 그렇다고 축구선수를 할 만큼 기량이 뛰어난 것도 아니고 부모님 말씀처럼 평생 조기축구회원으로 살기엔 뭔가 아쉽다는 생각을 하고 있었다. 어느 날, 우연히 축구심판자격에 대한 정보를 전한 뒤 지역에서 최연소 축구심판에 도전한 시형이는 한낱 취미에 불과했던 축구를 남다른 역량으로 키워가는 모습을 보였다. 그리고 대학입시에서 건축공학과에 지원하였고 축구심판으로 역량을 키운 자신의 스토리를 통해 인상적인 면접을 치룰 수 있었다.

학교에서 아이들이 "잘하는 일, 재밌는 일, 좋아하는 일을 어떻게 하면 찾을 수 있을까요?"라고 질문해 오면 어떻게 답해야 도움을 줄 수 있을지 항상 고민된다. 어둠이 있기에 밝음을 알 수 있듯이, 불행을 통해서 행복의 가치를 깨달을 수 있는 것처럼 하기 싫고 나와 맞지 않는 불편한 경험들도 내가 무슨 일을 좋아하고 잘 할 수 있는지를 알려주는 소중한 경험이라고 설명하지만, 실패를 전제로 깔고 작은 희망의 싹이라도 틔우라는 말 같아서 미안하기도 하다. 그렇지만 자신이 감지하지 못한 일일지라도 살면서 수많은 경험들을 통해 성장하고 성숙되는 것은 부정할 수 없는 사실이다.

자신을 완성시키는 것은 바로 자기 자신이다. 우리 십대 청소년들이 자신의 삶을 보다 적극적으로 관찰하고 생각해야 한다. 자신이 좋아하고, 잘 할 수 있는 일은 새로운 무언가를 창조해야 하는 것이 아니라 자기 안에 있는 '자신'을 발견하는 것이니까.

십대들에게는 기회가 많다. 위기처럼 보이는 순간마저도 기회다. 그렇기 때문에 자신이 무엇을 좋아하는지 제대로 알기 위해서는 먼저 자신에 대한 이해가 기본이고 자신을 먼저 알아야 한다는 것을 이해시켜야 한다. 자기를 탐구하는 과정이 학교공부 때문에 우선순위에서 밀리지 않기를, 자신에 대한 고민의 과정을 통해서 진짜 자기를 발견하고 자신이 좋아하는 삶을 살 수 있다는 것을 알게 해야 한다.

지금부터 우리 아이들이 '자기'에 대해 지대한 관심을 가지도록 유도해 보자.

"너는 어떤 사람이니?"

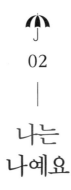

02

나는
나예요

태어나 처음 맞는 생일인 돌잔치에는 특별한 행사가 있다. 테이블 위에 여러 가지 물건을 놓고 무엇을 잡는지에 따라 아이의 미래를 점쳐 보는 돌잡이 풍속이다. 예전에는 쌀, 붓, 활, 돈, 실 등을 돌잡이 물건으로 주로 사용했지만, 요즘에는 마이크, 청진기 등 구체적인 직업을 나타내는 물건이 추가되기도 하고 부모의 가치관이 반영된 물건을 놓기도 한다. 실을 잡으면 우리 아이가 장수하겠다며 좋아하고 마이크를 잡으면 우리 집안에도 유명한 연예인이 탄생하겠다며 행복해한다. 이를 긍정적 의미로 해석하면 첫돌을 맞이할 때부터 아이는 부모의 기대와 관심을 받으며 인생을 출발하는 것이지만 부정적 의미로 보면 삶의 방향이 부모의 희망 진로에서 결정이 될 수도 있다는 것이다.

물론 아이가 잘 되기를 바라는 부모 심정의 반영이고 건강과 행운을 빌어주는 전통놀이의 형식임을 안다. 그것의 문제점을 제기하려는 것이 아니라 부모가 자녀에 대한 기대를 은연중에 주입하고 강요하는 것을 말하려는 것이다.

지금 부모세대는 청소년기를 풍요롭게, 부모님의 관심을 온전히 받으며 자란 세대는 아니다. 가정형편에 따라 진로를 결정하고 성적에 맞추어 미래를 설계한 경우가 많았다. 그래서 그들은 자기 삶에서 아쉬웠던 부분을 헌신적으로 자녀에게 쏟으며 그들이 원하는 삶을 살도록 도와야 한다는 책임감이 강하다.

은희와 은지도 이런 관심을 받으며 자란 이란성 쌍둥이 자매다. 이제 며칠만 지나면 기다리던 겨울방학이다. 부모님은 내년에 중3이 되는 은희, 은지에게 이번 방학만큼은 제대로 보내라며 방학계획을 세워보라고 했다.

은지는 속으로 '아, 짜증 나, 학교도 집도 온통 계획을 잘 세우라고 하네. 아! 날 좀 가만히 놔두면 안 돼?'라고 투덜거렸다. 은지는 언니 은희와 같은 학교에 다니며 매일 비교당하는 것도 지긋지긋한데 집에서도 걱정스럽게 자신을 대하는 분위기가 영 마음에 들지 않는다.

하필 모든 사람에게 칭찬받는 우등생이 언니 은희라니. 자기 인생에서 가장 못마땅한 부분이다.

은희는 벌써 확고한 꿈도 가지고 있다. 교사가 되겠다는 포부를 공공연하게 자랑삼아 이야기한다. 덕분에 부모님은 "너는 뭐할 거니?"라는 시선을 틈만 나면 은지에게 쏘아댄다. 영 불편해서 집에 붙어 있기가 싫다. 얼마 전, 2학기 기말고사가 끝나고 친한 친구들끼리 노래방에서 실컷 놀다 온 이후로 엄마의 잔소리가 더 심해졌다.

"은지야, 내년에 중3이고 곧 고등학생이 되는데 너도 공부를 좀 해야 되지 않겠니? 너무 안 하니까 계속 잔소리 아닌 잔소리하게 되잖아! 어이구, 도대체 커서 뭐가 되려고 하는 건지… 쯧쯧."

엄마에게는 은지가 공부는 못하지만 밝고 활발한 성격으로 친구가 많은 것은 장점으로 보이지가 않는 모양이다.

은지처럼 형제자매와 끊임없는 비교에 노출되는 경우, 자신감을 잃고 자신의 생각을 분명하게 표현하지 못하는 아이들이 많다. 내가 만났던 학생들 중에 '동생보다 못한 형'이라는 평가를 받는 학생들이 제일 자신감 없는 삶을 살고 있었고 그들에게 자신감이란 무에서 유를 창조해야 하는 중압감 높은 숙제였다. 이런 문제를 상담하면 부모들은 비교하지 않으려 해도 자신도 모르는 사이, 아차 하는 순간이 온다는 것이다.

"저희라고 매번 비교되는 은지가 안쓰럽지 않겠어요? 은지도 칭찬받기를 원하는 마음이죠. 그래서 일부러 은희 없을 때 좋게 타이르는 건데 은지는 그것도 싫은가 봐요."

"연년생이라 더 비교됐던 거 같아요. 어느 순간 동생한테 뒤지는 게 눈에 보이더라고요. 처음에는 그래도 언니인데 싶어서 자극도 주고 했는데 이제는 마음을 많이 비웠어요. 동생 눈치를 보더라고요. 그런 의도는 아니었는데…."

부모 또한 속으로는 끙끙 앓고 있는 것이다. '혹시라도 자녀가 삐뚤어질까 봐, 언니 또는 동생과 평생 비교되는 삶을 살게 될까 봐, 학교에서 또는 사회인이 되었을 때 다른 사람에게 무시당할까 봐' 노심초사한다. 하지만 비교를 당한다고 느끼는 십대들은 '나는 나인데 왜 인정하지 않지? 부모님은 나를 사랑하기는 하는 걸까? 내가 문제인가? 왜 다들 나를 못 잡아먹어서 안달이야?'라는 반응을 보인다. 자녀와 부모가 서로의 마음을 조금이라도 읽을 수 있다면 얼마나 좋을까?

얼마 전, 뇌에 관한 정보를 접하며 십대들을 이해하는 데 도움이 될 만한 사실을 확인했다. 정보를 해석하는 데 있어 십대와 성인은 전혀 다른 뇌의 부위를 사용한다는 것이다. 성인은 전두엽을 사용하기 때문에 논리적·반성적인 의미파악을 하고 십대는 편도체를 사용하기 때문에 감정에 중점을 둔다고 한다. 더 새로운 사실은 십대들은 아직도 말랑말랑한 뇌를 가지고 있고 계속 변화한다는 것이다.

그래서 그런지 십대들은 모든 결정에 있어 자신의 의지대로 결정하고자 하는 경향이 있다. 작은 것 하나라도 자신이 직접 선택하고 싶어 한다. 자존심의 문제가 아니라 자신의 삶을 자기가 결정하고 개척해 나가려는 욕구다. 되고 싶은 것, 하고 싶은 것을 중구난방으로 떠올리고 자신의 모습을 대입한다. 하루는 간호사가 괜찮은 거 같고, 어느 순간 '간호사는 별로야, 나는 역시 연예인이 적성에 맞아'라고 생각한다. 매일이 변덕이고 계획은 작심삼일인 자녀를 우려와 걱정의 눈빛으로 보는 부모들이 많지만 이런 모습은 자아정체성을 찾아가는 십대에게 있어 자연스럽고 지극히 당연한 현상이다.

그렇다고 모든 것을 스스로 결정하는 것을 원하지도 않는다. 자신의 결정에 대한 불안과 미래에 대한 두려움을 동시에 가지고 있기 때문이다. 이런 마음을 모르고 "너는 커서 뭐가 되려고 그러니?"라는 자존감을 꺾는 질문이나 "옆집 준호는 공부를 그렇게 잘한다더라, 앞집 효진이는 여름 방학 때 봉사활동을 그렇게 열심히 했다더라, 오빠만큼만 해라, 동생한테 뒤쳐서 되겠니?" 등등 자존심을 무너뜨리는 말을 해댄다면 진정으로 자신을 드러낼 십대는 없다.

아이들은 남과 비교되는 것만큼 싫은 것도 없다. 설령 그것이 가족 간이라 할지라도 비교당하는 순간 분노게이지는 상승하고 상대적으로 비교 급부에 있는 사람을 미워하고 증오하게 된다. 잘 되라고 하는 조언에, 잘 하라고 하는 격려에 절대 비교대상이 있어서는 안 된다. 아무리 잔소리해도 그와 똑같아질 수 없으니까 말이다. 단지, 우리 아이가 순수하게 힘들어하고 있는 부분, 버거워 하는 일, 지쳐있는 정신에 힘을 주는 말을 해주면 된다. 남들과 같아지기를 원하지 않고 독립된 인격체로 혼자서도 당당히 설 수 있도록 말이다.

부모와 사춘기의 자녀가 이해하고 서로의 생각을 표현하기 위해서는 평소 가정에서 잦은 대화로 자연스럽게 대화하는 분위기가 조성되어야 한다. 부모와 자녀라는 떼려야 뗄 수 없는 필연적 관계로 맺어졌지만 서로에게 따뜻한 말을 건네는 것에는 어색해한다. 친구에게 말하는 것보다 소통이 안 되고 답답함을 느낀다는 것은 서로 간의 심리적 간극이 크기 때문이다. 어른·부모·보호자의 입장을 내려놓고 자녀와 눈높이를 같이 해야 한다. 다른 시대를 살고 살아가야 하는 아이들의 현실을 마음으로 체험하라는 것이다. 조금이라도 아이들을 이해하게 되면 같은 표현이라도 서로에 대한 감정적 거리가 좁혀지고 진짜 고민을 듣게 된다. 그렇게 된다면 "너는 커서 뭐가 될래?"라는 직접적이고 부담스러운 부모의 질문에도 아이는 스스로 "나는 커서 어떤 어른이 되고 싶을까?" 고민하는 계기로 삼을 수 있다.

인간이 위대한 것은 자기 자신과 환경을 뛰어넘어 꿈을 이뤄내는 능력이 있기 때문이다.
- 툴리 C. 놀즈-

03

꿈이요?
없는데요?

　명문대학을 목표로 초등시절부터 공부에 찌든 삶을 사는 아이들이 많다. 부모님의 성화에 못 이겨 학원으로 내몰리거나 친구들과의 경쟁에서 밀리지 않기 위해 공부한다. 그래서인지 이제 갓 고등학생이 된 친구들은 누가 겁을 준 것도 아닌데 3월이면 과하게 긴장한다. 중3 때까지만 해도 학교에서 최고학년이니 어깨 펴고 당당하게 학교생활을 했는데 고등학교에 올라오니 뭔지 모를 압박이 학교나 가정 구석구석에서 느껴진다는 것이다.

　세상 피곤함은 다 지닌 듯 칙칙한 피부에 어두운 표정을 한 고3 선배들, 학교생활 하나하나에 대단한 비법이 있는 것처럼 후배들을 이리저리 지도하는 선배들의 모습에 일단 기가 죽는다. 또한 과목별 선생님들의 입에서 흘러나오는 '생기부, 과세특, 비교과, 학종, 수시, 내신 등급 등…' 생소한 전문용어들을 듣고 있자면 고1 새내기들은 기를 펴고 학교생활을 하기엔 선뜻 용기가 나지 않는다.

학기 초 어김없이 시작되는 학생들과의 어색한 상담. 교사의 입장에서 "너는 언제 제일 행복하니? 너는 어떤 사람이니? 좋아하는 건 뭐니?"라는 질문을 먼저하고 싶지만 주어진 상담시간 안에 많은 학생을 면담하고 그 내용을 기록해야 하다 보니 교사의 질문은 직접적인 물음이 되고 학생의 대답은 단답형이 된다. 이렇게 상담이라는 명목으로 진행되는 질의응답은 진로 상담과 고민 상담에 시간을 많이 할애해야 하지만 학생이나 교사의 상황과 시간 형편상 어려운 실정이다. 반 구성원들이 어떤 것을 좋아하고 언제 행복한지보다 "중간고사보다 기말고사 성적이 더 떨어졌네, 동아리활동은 어때? 봉사활동도 많이 하고?" 등등 양적인 부분에 치중하게 된다. 그 와중에도 상담자의 역할에 충실하고자 "너는 꿈이 뭐니? 하고 싶은 게 뭐니? 뭐할 때가 가장 행복해?"라고 묻지만 학생들은 한두 단어로 집약될 수 없는 이 문제에 선뜻 답을 하지 못한다.

학생의 입장에서 본다면 담임선생님과 상담이라는 것 자체가 어색하고 부담스럽다. 이제 만난 지 얼마 안 된 담임선생님에게 자기의 모든 것을 털어놓기는 어렵다. 질문을 쏟아내는 선생님에게 자기 마음을 솔직하게 말해야 할지, 포장해서 선생님이 원하는 답을 해야 할지 고민도 된다. 진짜 고민, 일 년만 잘 버티자는 생각으로 진짜 모습은 숨긴 채 어떻게 하면 좀 편하게 학교에 다닐 수 있을까, 찍히지만 않으면 좋겠다는 생각으로 상담이 끝나기를 기다린다.

이런 상황에서 학생들은 자신의 꿈이나 이상을 있는 그대로 표현할 수가 없다. 그 말을 듣고 응원을 해줄지, 현실성이 없으니 꿈 깨라는 말을 할지, 허무맹랑한 꿈을 꾸고 있다는 질타를 할지 모르고 자신이 꼭 꿈을 이룬다는 보장도 없기 때문이다.

대신 도피처를 찾는데 그것은 바로 '꿈'을 회피하는 것이다. 차라리 꿈이 없다고 말하면 속이 편하다. 꼭 대답해야 하는 상황이라면 '대학진학'이라고 뭉뚱그려 얘기한다. 알려고 하지 말고 알아서 좋을 것도 없다는 뜻이다. 그리고 '꿈' 그것에 대해 구체적으로 생각해 볼 여력이 없다는 사실이다. 시험이 하나 끝나는가 싶으면 한 달 뒤 또 시험일정이 기다리고 있으니 말이다.

진우는 공부 잘하는 누나 현진이가 항상 부럽다. 얼마 전 수능시험을 치르고 수능 최저까지 안정적으로 맞춘 누나는 세상 부러울 게 없는 나날을 보내고 있다. 이제 수능 성적표만 발표되면 명실상부, 수시합격생인 누나다. 누나와 진우는 평소 사이좋은 남매다. 공부 잘하는 누나는 항상 동생을 챙겨주고 언제나 진우 편을 들어준다. 그런데 기말고사를 며칠 앞둔 어느 날, 가뜩이나 부모님의 온 신경이 진우에게 곤두 서 있는데 누나가 눈치 없이 한몫 거들었다.

"고1 내신 성적이 얼마나 중요한지 알아? 고1 때는 애들이 고3처럼 열심히 안 하니까 지금 조금 더 공부하는 게 네 인생에 득이 된다는 거 잊지 마, 야! 그리고 생기부에 진로희망 잘 생각해서 써 놔라. 대충 아무거나 써놓고 나중에 자소서 쓸 때 괜히 애먹지 말고."

평소에는 누나의 진심어린 조언이 고맙긴 했지만 이날은 부담스럽고 짜증스러웠다.

그렇지 않아도 요즘 수능이 끝난 탓인지 수업에 들어오시는 선생님마다 "너희들 이제 고1 아니야, 고2라고 생각하고 열심히 해, 지금 고2들은 이미 고3이나 마찬가지야. 생기부 관리 잘하고 이제 머릿속에 나는 어느 대학에 갈 수 있을까, 뭐가 되고 싶은지를 항상 생각해야 할 때야."라고 겁을 준다. 그렇지만 진우는 자신의 꿈이 뭔지 잘 모르겠다. '점수를 잘 받아서 대학에 가면 되는 거 아닌가.' 하는 생각도 있고 또 어차피 '성적 따라 대학에 갈 건데 지금 꼭 꿈이 있어야 하나.'라는 생각도 든다.

꿈이 없는 진우는 비정상인가? 많은 학생들이 진우처럼 꿈꾸기를 부담스러워하고 지금 당장 꿈이 없는 자신이 뭔가 잘못되었다고 믿거나, 아니면 꼭 꿈이 있어야 하는 건지를 고민한다. 우리의 십대들이 받아들이는 꿈은 삶의 목표이자 지향점이므로 꿈을 한 번 결정하면 책임까지 감수해야 하는 무거운 짐으로 받아들이기 때문이다.

'진로'라는 단어는 듣기만 해도 자신이 없고 어느 방향으로 진로를 결정해야 할지 어렵다. 성적이 좋으면 대학선택권, 학과선택권의 기회가 많이 주어지는 현실에서 학년이 올라갈수록 성적표에 기록되는 수치가 곧 꿈의 크기가 된다. 그리고 대학이라는 임계점이 다가올수록 '나는 공부를 못하니 꿈을 말하기가 부끄럽다.', '성적이 너무 안 좋아 어느 대학이든 입학만 하는 게 꿈이다.', '누구는 공부를 잘하니까 걱정이 없겠다'라는 표현을 공공연히 한다. 공부를 잘해야만 꿈을 이룰 수 있지 공부를 못하면 꿈꾸는 것조차도 허용될 수 없는 한계로 받아들이는 것이다.

　개인적으로 '꿈'이라는 단어를 좋아한다. 드림리스트까지 작성하며 내 꿈이 무엇이었는지 확인하려 들고 목표기한을 정해 놓으면 그것이 이뤄지는 마법이 생길 것처럼 여기며 즐거운 상상을 하곤 한다. 그리고 가끔은 나 스스로 '꿈쟁이'라고 부르며 의미를 부여한다. 내가 꿈을 생각하면서 행복할 수 있는 것은 꿈이 인생 끝의 목표도 아니고 책임감을 느껴야 하는 무거운 것이 아니라는 것을 알기 때문이다. 하고 싶은 것을 즐기다 보면 그 분야에서 한 걸음 더 나아가고 성취하고 싶은 욕구가 생긴다. 그때 비로소 꿈이 자신의 의욕 속에 깃드는 것이다.

　우리 십대들도 마찬가지다. 자신은 꿈이 없다고 고민하고 있지만 그 와중에도 무언가를 하고 있다. 그 자체가 꿈을 향해 나아가고 있는 것이고 자신의 미래를 향해 가는 것이다. 히이라기 아오이의 만화 『귀를 기울이면』에 나오는 중학교 3학년 여학생 시즈코는 바이올린 장인이 되겠다는 확실한 꿈을 정하고 노력하는 세이지를 통해 자신의 꿈, 미래를 진지하게 고민하게 된다. 시즈코는 꿈이 있는 세이지를 질투하기도 하지만 자신도 작가가 되고자 도전해 보기로 결심하며 소설을 쓴다. 미래는 불투명하지만 세이지가 소설 쓰기를 시작한 것은 꿈을 꾸는 것이고 그것에 대한 도전이다.

　이렇게 우리 아이들이 꾸는 꿈은 목표와 과정 모두를 포함한다. 예를 들어 꿈이 선생님인 아이는 그 다음 단계는 자연스럽게 '어떤 선생님이 되고 싶은지'에 대한 고민을 한다. 매 교시마다 만나는 선생님을 관찰하고 자신의 입장에서 좋은 점, 보기 불편한 점, 개선할 점 등을 주시하게 된다. 그리고 자신의 모습을 대입해 보며 자기의 꿈을 구체화하는 것이다. 포괄적인 안목으로 자신의 관심 분야를 좁혀 나가며 그 순간순간마다 과정으로서 꿈도 자연스럽게 엮어나간다. 자신을 만들어가는 몫을 충분히 감당하고 있는 모습이다.

우리 아이들이 나름대로 고군분투하며 꿈을 꾸고 있다고 믿어야 한다. "꿈이 없어요."라는 말에 분개하지 말고 어리숙하고 준비가 안 된 아이라고 단정 짓지 말자. 아이들이 꾸는 '꿈'은 '거창하고 다른 사람에게 인정을 받을 수 있는 무엇'이 아니다. 자기가 하고 싶은 것들이고 자신을 무궁무진하게 펼쳐 보이는 도구다. 우주도 가보고 나라 전체를 쥐락펴락할 수 있는 용기를 주자. 맘껏 즐길 거리를 찾아보고 신나게, 폼나게 자신이 서 있을 곳을 발견할 수 있도록 응원하는 것이다. 꿈꾸는 아이들에게 있어서 어느 것이든 무엇이든 불가능한 것은 없다.

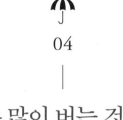

04

돈 많이 버는 것이
성공이죠

　초등학생은 예비 중학생, 중학생은 예비 고등학생, 고등학생은 예비 수험생으로 학업이 선행되고 있다. 선행학습에 대해 갑론을박 하지만 학부모의 입장에서는 다들 하는데 안 할 수 없는, 선행을 안 하면 자기 자녀만 진도를 못 따라갈 것 같은 불안감 때문에 모두들 선행은 기본으로 잡고 가야 한다고 믿는다. 성적이 아이의 미래를 좌우하는 결과물이라는 인식이 반영된 우리 사회의 일면이다.

　성적, 학력, 대학진학, 미래에 집중하는 현상은 하루 이틀에 완성된 것이 아니다. 어딜 가도 교육열이 최고라는 소리를 듣고 자녀에게 양질의 교육을 제공하기 위해 발 벗고 나서는 부모의 모습은 과거로부터 이어진 우리 사회의 현실이다.

기성세대는 경제발전에 박차를 가할 때 학창시절을 보냈고 눈부신 경제 성장을 지켜보며 자랐다. 우수한 인적자원 하나로 사회발전을 이루며 성공한 사람들을 목격했다. "개천에서 용 난다"는 속담이 현실이 되는 것을 보고 자란 것이다. 그렇지만 다수의 사람들은 어려운 가정형편 때문에 학업을 포기해야 했고 그로 인해 학업에 대한 아쉬움을 갖고 있다. "내가 다시 학창시절로 돌아간다면 이렇게 살지 않을 텐데…" 하는 후회 섞인 말을 내뱉는다. "그 시절 좀 더 도전적으로 살아야 했는데."라는 아쉬움을 토로하기도 하고 "우리 집이 돈만 좀 있었어도.", "우리 부모가 조금만 더 밀어주었어도."라고 한탄한다.

이렇게 자신의 과거에 대한 미련이 있는 사람들은 자신의 자녀가 공부로 성공할 수 있도록 물심양면 돕고 아이에 대한 희망도 크게 가진다. 특별한 재능이나 소질이 없는 바에야 공부를 열심히 아니 공부만 열심히 해서 편안하고 윤택한 삶을 살기를 바라는 마음인 것이다. 하지만 공부에 쫓기며 꿈을 꿀 여유가 없는 아이들은 부모님의 관심과 기대가 부담스럽기만 하다.

공교육의 현장에서도 학부모와 학생 그리고 사회적 요구에 부응하기 위해 학생들이 꿈을 놓치지 않고 자신이 원하는 방향으로 인생의 방향키를 잡도록 이끌려는 다양한 시도를 하고 있다. 하지만 학생들은 자기 앞에 놓인 방향키를 선뜻 잡지 못하고 주저한다. 학생들이 현실을 두려워하는 것은 왜일까?

고2인 우정이는 월요일이 너무 싫다. 일주일에 한 번 있는 진로시간이 있는 날이기 때문이다. 특히 다음 주 월요일에 있을 '자기 꿈 발표' 시간이 끔찍하다. 꿈이 없는 것보다 있는 게 좋겠지만 자신에게 꿈을 강요하는 것 같아 싫다. 부모님을 봐도, 친척들을 봐도 꿈 없이도 잘만 살고 어릴 때 소망대로 꿈을 이룬 것도 아니던데 꼭 꿈이 있어야 하는지, 꿈이 있어야만 성공하는지 의문이 든다. 우정이 생각을 꿰뚫기라도 한 것처럼 선생님이 때맞춰 꿈이 있어 성공한 사람 이야기를 들려줬다. 미국의 44대 대통령 버락 오바마 이야기다.

"『열등감을 희망으로 바꾼 오바마 이야기』에는 인종차별과 정체성에 혼란을 겪고 열등감에 시달렸던 그의 학창시절이 나오는데 그런 그가 미국 최초 흑인 대통령이 될 수 있었던 이유는 '세상에 가치 있는 일을 하는 유익한 사람이 되겠다'는 꿈이 있었기 때문이야. 뭔가 거창한 그의 꿈은 사실 하루아침에 완성된 것은 아니었어. 그가 이런 꿈을 가지게 된 데에는 남다른 가정환경과 아프리카계 미국인이라는 태생에서 경험한 차별과 자신에 대한 끊임없는 고민의 결과였다. 오바마를 꿈이 있어 성공한 사람이라고 말하고 싶은 이유는 학창시절뿐만 아니라 그의 인생 전반에서 내적 갈등, 패배의 순간에도 자신의 꿈을 믿고 소신대로 행동하였기 때문이야. 그리하여 그의 가치를 아는 사람들의 지지를 받게 되었고 그의 꿈대로 사람들에게 힘이 되는 유익한 사람이 되었다고 생각한다."

우정이는 오바마 이야기를 들으며 꿈 자체가 사람을 바꿀 수 있다는 사실을 깨달았다. 이제 월요일 진로시간은 자신의 꿈에 대해 생각하는 시간으로 정했다. 꿈을 성급하게 정하지 않고 자신의 진짜 모습과 마음을 종합해 보기로 한 것이다.

교실에 앉아있는 학생들은 겉보기엔 다 같아 보여도 저마다 완전히 다른 색깔을 가지고 자신만의 관점을 가지고 있다. 잠깐이라도 대화를 해보면 자신에게 소중한 것, 놓치고 싶지 않은 것, 하고 싶은 것이 다양하고 열이면 열 모두 개성 넘치는 빛을 발한다.

이런 그들에게 '성공'은 어른들이 말하는 '성공'에 비해 범위가 넓고 내용이 풍부하다. 어떤 학생은 행복한 가정을 꾸리는 것을 성공이라고 생각하고 또 다른 학생은 높은 지위를 얻어서 자신의 영향력을 행사하는 것을 성공이라고 여긴다.

그런데 신나게 자신의 성공에 대해서 말하다가도 어느새 사회가 규정한 성공으로 수렴하는 경우도 많다. 돈 많이 벌고 누구나 인정하는 특정 직업을 갖고 싶다든지, 부자가 되겠다거나, 큰 집과 좋은 차를 타고 싶다 같이 물질을 추구하는 경향을 띠는 것이다. 이것만 보면 물질만능주의자가 되는 것 아니냐는 우려가 앞서지만 이는 우리 사회나 기성세대를 보고 답습한 '성공'일 것이다. '이건 성공이 아닌데.'라고 반문하는 독자라면 반성은 아이들이 아닌 우리 어른들이 해야 하는 문제라는 것을 인식하자.

아이들이 '성공'에 대해 기획하고 계획할 때 자신에 대한 고민 없이, 자기 가치관의 반영 없이 막연하게 남부러운 성공을 하고 싶다고 규정하고 나아간다면, 당장의 현실에서는 인식하지 못하지만 차후에는 후회를 남기는 요소가 될 것이 분명하기 때문이다.

꿈은 철저히 아이들 개인의 영역이다. 꿈을 조금 빨리 결정했다고 인생이 빨라지는 것도 아니고 조금 늦은 꿈이라고 인생의 행보

가 늦어지는 것도 아니다. 조급한 마음으로 꿈을 결정하지 않도록 기다려줘야 한다. 꿈을 정해 놓고 이룰 수 있을까 고민하는 아이에게 자신감을 잃지 않도록, 용기를 북돋아줘야 한다. 꿈으로 성공한 삶을 사는 사람들의 공통된 메시지는 '꿈은 이룰 수 있는 것이라는 믿음을 준다'는 것이다. 우리 아이들에게 꿈이 있다는 것 자체가 긍정적인 자아개념을 형성하는 밑거름이고 도약할 수 있는 발판이 된다는 사실을 믿어야 한다.

대통령 취임식을 앞두고 오바마가 두 딸에게 편지를 보냈다. 그 중 한 구절이다.

"아빠가 바라는 건 이런 것들이란다. 아빠는 너희가 꿈에 한계를 두지 않고 마음만 먹으면 이루지 못할 것이 없는 세상에서 자라면 좋겠고, 그런 세상을 만드는 데 기여할 열성적이고 헌신적인 여성으로 성장하면 좋겠어. 그리고 모든 어린이들이 너희가 가진 것처럼 배우고 꿈꾸며 자라서 성공할 수 있는 기회를 가지면 좋겠어."

꿈으로 역사를 바꿀 수 있다는 것을 보여준 오바마 또한 부모로서 자녀가 꿈을 가지고 성공한 삶을 살기를 바랐다. 정서적으로 우리와 차이가 있지는 몰라도 그 진심만은 대한민국의 부모와 같다. 오늘 우리가 자녀에게 해준 말은 무엇인가. 자녀를 닦달하고 보채지는 않았는지 돌아보고, 그들을 위해 진심으로 해줄 수 있는 격려의 말은 무엇인지 고민해 보자.

05

적성 따위에는
관심 없어요

고3 수험생인 희진이는 지원학과를 정하지 못해 고민이다. 자기를 잘 아는 친구들의 의견이 모두 다르고 자신의 생각도 하나로 모아지지가 않는다. 거기에 부모님과 선생님 의견까지 더해져 지원학과를 정하는 것이 산으로 가고 있다.

"성적만 되면 간호학과 괜찮지 않아? 취업률도 높고 월급도 많이 받잖아."

"야, 간호사가 얼마나 힘든 직업인지 알아? 아픈 사람들도 매일 봐야 하고 아무나 못해."

"희진아, 네가 진짜 가고 싶은 과가 어디야?"

"봉사시간도 많겠다, 넌, 자타가 공인하는 천사표 아니니? 사회복지

학과가 딱이다!"

"야, 무슨 말이야. 취업 잘 되는 과에 가서 머니를 많이 버는 게 최고지!"

희진이는 고1 때부터 지역아동센터에서 주관하는 봉사활동에 꾸준히 참여하면서 자신의 도움이 필요한 아이들을 돌보고 혼자 힘들게 사시는 할아버지, 할머니의 말벗이 되는 게 참 좋았다. 그래서 막연히 커서도 이런 일을 계속할 수 있으면 좋겠다고 생각했다. 돈을 얼마나 많이 벌어야 하는지 모르겠지만 돈을 많이 못 벌더라도 원하는 직업을 가진다면 자신이 만족할 수 있지 않을까 하는 생각이었다. 그렇지만 요즘 어려운 경제사정으로 힘들어하는 부모님을 보면 적성보다는 돈이 먼저인 것 같다. 무엇이 우선되어야 하는지 희진이 마음 속 갈등은 계속된다.

아이들은 자신이 원하는 일을 하면서 돈을 많이 벌기 원한다. 돈이라는 것이 사람이 살아가는 데 필수적 요소이기도 하지만 경제적 풍요로움이 주는 혜택(?)을 누리고 싶기 때문이다. 그래서 돈을 원하는 만큼 풍족하게 쓰고 싶다는 욕구는 자연스럽게 진로를 결정하는 데도 영향을 미친다. 이왕이면 돈을 많이 버는 직업을 선택하려 하고 그에 맞는 진로를 정하고 싶어 한다. 의사가 꿈인 학생에게 왜 의사가 되고 싶은지 물었더니 "돈 많이 벌잖아요!"라고 답했다. 일에 대한 만족도나 그 일이 주는 보람보다 우선시되는 것이 돈이고, 돈을 얼마만큼 버느냐가 기준이 되어 정해진 꿈이다.

'돈'의 개념은 사람마다 다르다. 개인의 경험이나 가치관에 따라 돈을 향한 시선이나 욕구가 다르게 인식되기 때문이다. 내게 있어 '돈'은 부러움의 대상이었다. 어느 날, 친구네 집에 갔는데 동전이 수북이 쌓여 있는 게 눈에 띄었다. 친구에게 뭐냐고 물었더니, 맞벌이하는 부모님이 혹시 갑자기 준비물을 사야 할 때나 용돈이 필요할 때 쓰라고 놔두신다는 거였다. 당시 우리 부모님도 맞벌이를 하고 계셨지만 제대로 된 용돈을 받아보지 못했던 나는 마냥 친구가 부러웠다. 나에게 돈이란, 내가 원하는 것을 살 수 있는 도구 이전에 누려보지 못한 여유로움의 상징이었다.

반면 내 남동생은 보다 직접적으로 돈을 추구했다. 동생은 고등학생 때부터 "나는 부자가 꿈이다."라고 공공연하게 말했다. 어쩌다 남동생의 노트북을 빌려 쓰기라도 하면 바탕화면 폴더에는 온통 '부자의 ○○'라는 식의 이름이 붙어 있었다. 남동생에게 '돈'은 자기 삶의 만족도를 높이고 풍요로움을 가져다주는 수단이었던 것이다.

돈을 이용하는 방법도 다양하다. 어린 시절 혹독한 가난의 경험으로 동전 하나라도 소중하게 생각하고 매달 통장에 불어나는 돈을 보는 것만으로도 행복해하는 사람이 있고, 끊임없이 자기계발 비용으로 돈을 활용하는 사람도 있고 열심히 일한 대가로 여행을 가거나 자기충전의 기회를 제공하는 데에 돈의 가치를 두는 사람도 있다. 물론 돈이라면 없는 것보다 있는 것이, 이왕이면 걱정 없이 쓸 수 있을 정도로 충분한 것이 좋다고 여겨진다.

자신이 원하는 삶을 가능하게 해주는 돈은 인간에게 경제활동 그 이상의 의미를 가지기도 하고 돈의 흐름에 사회의 변화가 따라가는 현상이 생기기도 한다. 그래서 경제활동이 인간의 기본적인 영역이며 돈을 통해서 한 인간이 삶을 안정적으로 영위하기도 한다. 돈이 삶의 질을 좌우하기에 이르니 우리는 부를 축적할 수 있는 것에 집중하게 되었고 직업선택에서도 '돈'이 결정적 요인으로 작용하게 된 것이다.

그러나 여기에는 함정이 있다. 돈이 있으면 행복은 자동적으로 따라 온다는 것으로 믿는 것, 바로 그것이다. 우리는 즐겁게 일을 할 때 행복하다. 자신이 좋아하는 일에서 승승장구하여 돈까지 많이 벌면 이보다 좋은 일은 없다. 또한 그 돈을 값지게 쓸 줄 알면 금상첨화다. 그렇지만 안타깝게도 우리의 인생이 자신이 원하는 대로 쉽게 되지 않는다. 실제로 자신의 재능을 살려 일하고 능력을 발휘하며 일에서 즐거움을 찾고 돈까지 버는 성인은 불과 1.2%에 지나지 않는다. 결국 먹고 살기 위해 즐거움보다는 생계수단으로 그 일을 하고 있는 경우가 훨씬 많다는 것이다.

마찬가지로 진로를 고민하며 머리를 싸매고 공부하는 청소년기에는 무엇보다 적성과 흥미에 부합하는 직업을 가질 수 있는 진로를 결정하는 것이 관건이지만 현실에서는 그 기준이 흔들린다. 적성에 맞는 직업을 택하기 전에 자신이 원하는 만큼의 경제적 삶의 설계가 가능한 직업인지 타진해 보는 것이다. 공공연히 어떤 직업이 돈을 많을 버는지는 아이들의 토론거리다. 언론에서 보여주는 직업과 소득은 아이들의 시선을 끌어들인다. 그래서 그들은 돈을 많이 버는, 횡재하는 직업을 선망의 눈으로 바라보는 것이다.

이와는 다르게 돈보다는 자신의 가치관에 맞는 삶을 영위하고 싶은 욕구가 큰 사람이 있다. 돈은 있다가도 없고 없다가도 있지만 자신의 만족도는 돈으로 살 수 없고 채울 수도 없다고 믿는다. 무엇을 기준에 두느냐에 따라 달라지기 때문에 어느 쪽이 옳다 그르다 판단을 내릴 수는 없다. 다만 '돈'에 의해 삶의 질이 표면적으로 향상될 수 있지만 질적 향상이 행복지수와 비례한다는 법은 없다는 사실을 아이들에게 밝혀줘야 한다.

　그렇다면, 직업이란 무엇일까? 직업은 꼭 있어야 할까? 꿈과 직업은 다른 걸까? 나의 경우 수학교사가 꿈이었는데 점점 현실적 측면에서 수학교사는 꼭 필요한 직업이었다. 임용고시 낙방을 맛본 후, 생각보다 높은 현실의 벽을 체감하고 직업인으로 거듭나기 위해 치열한 재수 생활을 시작했다. 그 시절, 간호학과 친구들은 졸업과 동시에 대형병원 취업이라는 훈장을 달고 간간이 '월급이 얼마다, 적금을 넣는다, 집값이 비싸다' 등 취업준비생으로서는 감히 와 닿지 않는 이야기들을 자연스럽게 내놓았다. 불과 몇 달 전만 해도 다 같은 '용돈생활자'였는데 매달 월급으로 자신의 삶을 꾸려가는 모습이 내겐 자극이 되었고 혼자만 어린아이처럼 남겨진 기분이 들었다. 그래서였을까? 나도 친구들처럼 어른 같은 모습이고 싶은 마음이 가득했다. 이런 현실적인 이유는 더 열정적으로 공부하게 만들었고 결국에는 나도 그들처럼 버젓한 직장인의 반열에 서게 해준 원동력이 되었다.
　언젠가 『나는 국가로부터 배당받을 권리가 있다』의 저자 하승수 씨의 강연을 들은 적이 있었다. 그는 강연에 앞서 변호사라는 직업을 그만두고 자신의 소명에 따르는 삶을 선택했을 때 주위 사람들로부터 정신 나갔다는 소리를 많이 들었다고 한다. 그러고 보면 사람마다 지향하는 인생의 그림이 참 다양하다. 어떤 삶을 원하느냐는 그 사람의 가치관, 성격, 환경 등등에 따라 자연스럽게 결정된다.

하지만 현실에서 보이는 삶의 모습은 지향하는 삶의 광범위함과는 차이가 난다. 겉보기에는 누가 어떤 차를 타고, 어떤 집에 사는지 등과 같이 소유하는 사물에 따라 삶의 질이 결정되는 듯 보인다. 그래서 사람들은 막연히 나도 누구처럼 좋은 집에 살고 싶다, 멋진 차를 가지고 싶다 등 현실적인 목표에 사로잡힌다. 결국에는 그런 좋은 물건들을 사기 위해서는 돈이 필요하고 그만한 돈을 벌 수 있는 직업이 좋은 직업이라고 규정된다.

어떤 이는 다들 부러워하는 대기업을 그만두고 가족과 함께 저녁이 있는 삶을 꿈꾸며 뒤늦게 공무원 시험에 도전한다는 얘기도 들린다. 20대 때, 간호학과를 졸업한 친구들은 대형병원에서 돈 잘 버는 간호사로 수년간 근무했지만 빡빡하고 치열한 병원생활에 지쳐 지금은 보건소, 학교, 기업체에서 보건업무를 보는 친구들이 많다. 누구의, 어떤 삶이 답이라고 말하기는 힘들다. 월급의 액수만으로 직업의 우열을 따지는 것은 무모해 보인다. "너 자신을 알라"고 했던 고대 철학자 소크라테스의 말처럼 자신이 어떤 사람이고 어떤 삶을 지향하는지 아는 것이 직업선택에서 우선되어야 한다.

우리 아이들이 가지는 직업은 생활을 위한 수단이지만 삶이라는 목적을 좀 더 풍요롭게 이끄는 역할을 할 것이다. 적성에 맞는 일을 선택해서 능률을 높이고 효율을 극대화한다면 자신의 역량이 빛을 발하게 된다. 직장인이라면 당연히 회사에서 승진을 할 것이고, 사업자라면 성공적인 경영으로 매출이 오를 것이다. 물론 천재적인 재능이 아닌 이상 시간과 재능을 투자해야 하고 열정을 쏟아야 가능한 일이다. 누구나 원하는 대로 되지 않기에 모험도 필요하다.

결국 아이들이 갖게 되는 직업에 대한 만족감이 그 대가로 받은 돈을 가치 있게 하고 삶에 의미를 더할 수 있다. 우리 십대들이 가치 기준을 '돈'보다는 삶의 의미를 되새기는 데에 초점을 두었으면 좋겠다. 이것이 삶을 만족스럽게 사는 지름길이라는 사실 때문이다.

단지 성공하는 사람이 아니라 가치 있는 사람이 되라.
-아인슈타인-

06

잘 해야 하는 것
나도 안다고요!

정인이는 학교방송부원이다. 학교에서 인기 있는 동아리답게 선배들의 명성도 자자한 방송부원이라는 게 정인이는 자랑스럽다. 고3 선배들의 수시합격 소식이 하나씩 들려오고 전해질 때마다 자기 일인 양 짜릿하다.

"명희 선배는 K대 역사학과, 희철 선배는 S대 기계공학과, 은학 선배는 H대 간호학과에 붙었대."

"K대라니 대단하다."

"역사보다 기계공학과, 간호학과가 더 좋은 거 아니야?"

"역사학과도 좋은 거 같은데…."

"에이 기계나 간호랑은 비교가 안 되지, 그래서 다들 이과 간다는 거 아니겠어?"

정인이는 멘토라고 여기는 명희 선배가 K대에 합격했다는 것만으로도 존경스럽다. 자신도 역사학도의 길을 가고 싶지만 지금 친구들처럼 주변에서 부정적인 반응을 보일까 봐 걱정이 앞선다. 정인이는 꿈도 꿈이지만 취업 잘 되는 길을 선택해서 20대에 멋지게 커리어우먼으로 살고 싶다는 생각이 굴뚝같다.

부모는 자녀가 대학 진학을 통해 더 훌륭한 삶의 밑거름을 탄탄하게 쌓기를 바란다. 또한 자녀의 적성에 맞는 유망한 직업을 가질 수 있는 학과를 선택하기를 기대한다. 무수히 많은 고민과 선택의 과정을 거쳐 희망하는 진로가 어느 정도 결정된다고 하더라도 결국은 객관적인 잣대에 의해 소수의 학생만이 자신의 희망대로 진학하는 것이 현실이다.

현실을 너무 잘 직시하고 있는 아이들은 피 끓는 도전보다는 안정된 삶이 부러움의 대상이며 취업을 잘할 수 있을까 없을까 자체에 대한 부담을 이미 가지고 있다. 언제부턴가 매년 "요즘 경기가 안 좋아서, 경제가 힘들다."라는 말이 자주 들리고 안정된 직장에 목숨을 거는 사람들이 늘고 있다. 또한 학생들 중에는 빨리 자리를 잡고 싶다는 생각을 하며 취업전선에 뛰어들기도 하고 고3 때부터, 수능공부 대신 공무원 시험에 매달리기도 한다.

대학을 졸업하고도 취업전쟁을 치러야 하는 아이들이기에 가능한 전쟁을 피해 순조롭게 자신의 삶을 살기를 바라는 욕구다. 안정적으로 취업이 보장된다거나 미래가 유망한 전공을 선택함으로써 위험요소를 미연에 방지한다는 원칙과 어쩔 수 없이 겪어야 하는 고난에 현명한 대비를 하는 것이다.

고3 여학생반의 담임을 맡았을 때 우리 반 학생들의 과반수가 의료기관에 종사하는 학과를 선호했고 실제로 간호학과, 치위생학과, 임상병리학과 등에 주로 진학했다. 그 이유는 매우 분명하고 현실적이었다. 취업과 바로 직결될 수 있는 학과에 진학해 빨리 돈을 벌고 싶다는 것이었다. 날이 갈수록 힘든 경제상황도 한몫했지만 중요한 것은 아이들 스스로 직장이 꿈을 실현하는 장이라기보다 경제활동의 장이라는 것에 초점이 맞춰진 것 같아 안타까웠다.

직업은 경제활동의 장이자 자아실현의 장이다. 사람은 본디 가치 있는 삶을 산다는 생각을 할 때 행복함을 느낀다. 설사 처음에는 단순히 돈을 벌기 위해 가진 직업이더라도 사람들은 그 안에서 의미를 찾아 자신이 일해야 하는 이유를 끊임없이 캐내야 한다. 만약, 사람들이 단순히 돈만을 목표로 직업생활을 한다면 평생을 두고 봤을 때 그 직업의 수명이 얼마나 될지는 장담하기 어렵다. 4차 산업혁명이 직업의 판도를 바꿀 것이라는 예견이 나온 지 오래다. 현존하는 직업의 80%가 소멸될 것이라니 지금 유망한 직업에 사활을 걸 필요는 없어 보인다.

도스토예프스키는 "어떤 사람을 완전히 바보로 만들고 싶으면 그에게 완전히 무의미하고 불완전한 일을 시켜라."라고 했다. 이 말을 나름대로 해석해 보자면 '무의미'하다는 것은 일 자체가 아무 뜻이 없거나 아무런 값어치가 없는 일을 말하지 않는다. 세상의 일이란 모두 나름의 가치를 가지고 있기 때문이다. 노동의 가치를 판단해 어떤 일은 의미가 있고, 어떤 일은 의미가 없다는 식의 접근은 위험하다. 다만, 도스토예프스키의 '완전히 무의미'한 일이란 그 일을 하는 자신(당사자)이 그 일에서 의미를 발견하지 못한 채 습관적으로 혹은 돈벌이 대상으로 접근하는 것을 말한다. '불완전한' 일도 마찬가지 해석이 가능하다. 완전하지 않거나 못한 일이 아니라 자신이 성취감을 느낄 수 없는 일이라는 의미인 것이다. 이 점을 감안한다면 우리의 아이들이 진로를 선택하는 데 있어서 취업률에 연연하지 말고 자신을 위한 자아실현의 장이 될 수 있는 직업을 선택하라고 조언해야 한다.

중요한 것은 우리 아이들이 보여주는 당장 눈앞의 결과가 모든 것을 결정하는 것이 아니라는 것이다. 세상에는 다양한 생각을 가진 다양한 사람들이 있고 그 생각들도 끊임없이 변한다. 그렇기 때문에 삶에서 아이들이 스스로 자신의 소명이 무엇인지 알아야 한다. 그래서 자신이 바라는 꿈을 지향하는 삶을 살아야 한다. 치열하게 살면서 자신의 의미를 발견해 나가고 난관에 부딪혔을 때 이겨낼 수 있는 지혜를 터득해야 한다. 단지 경제활동을 위한 직업을 목표로 두기보다 자아실현의 장으로서 직업을 고민하며 자신에게 주어지는 기회를 단단히 잡는 용기를 길러야 한다는 것이다. 그런데 이 모든 것들은 안다고 해도 십대들은 자생력이 약하다. 보호자인 부모의 도움이 필수적이다.

자녀가 고등학생이 되면 부모와 대화를 자주 하는 자녀의 비율이 그리 높지 않다. 부모님이 너무 바쁘거나, 밤늦은 귀가로, 스케줄이 서로 맞지 않아서 가족과 대화를 나눌 시간이 없다. 그 와중에 스치듯 보이는 아이의 모습만 보고 자녀의 전체를 꿰뚫은 양 우려 담은 잔소리를 해댄다. 현실에서 체감하는 삶의 난이도를 자녀에게 알려주고자 하는 마음을 이해는 한다. 하지만 잔소리를 쏟아내기 전에 우선 고려해야 할 사항이 있다.

지금 현재 당신의 자녀도 나름대로 사회와 소통하고 정보를 나누고 삶을 계획한다는 것이다. 다양한 정보가 범람하는 사회에서 자신만의 철학을 가지고 신뢰할 수 있는 자료를 접하고 그 자료를 통해 자신에게 바람직한 결론을 얻고 스스로 진로를 설계하고 나아가 삶까지 나름대로 계획하고 있다. 이 점을 각인하고 자녀들을 대한다면 삶의 버거운 무게를 견디려 열중하는 자녀의 모습이 바로 보일 수 있을 것이다.

어른들은 아이들에게 공부해야 하는 이유를 열거하며 "현실을 직시해야 한다, 사회는 생각만큼 호락호락하지 않다, 지금 조금 힘들면 나중에 편하게 살 수 있다."라는 말을 자주 한다. 부모는 집에서 마냥 아이처럼 구는 자녀가 학교생활을 제대로 하기나 하는지, 저렇게 철이 없어서 앞으로 자기 앞가림은 할 수 있을지에 대한 염려가 많다. 어른들이 보기에 그들은 스마트폰을 손에서 떼지 못하고 친구들과 메시지나 주고받으며 의미 없는 대화에 귀한 시간을 허비하는 것처럼 보인다. 이런 모습이 너무 한심하다고 이구동성으로 말한다.

이런 우려를 나타내는 어른들에게 걱정을 거두시라고 말하고 싶다. 교실에서 아이들은 똑같은 교복을 입고 있지만 절대로 똑같지 않다. 꿈도 많고 하고 싶은 것도 많지만 어른들의 생각보다 훨씬 더 현실적이기도 하다. 가정형편을 너무 잘 알고 있어서 학교에서도 공부가 눈에 들어오지 않는 아이들이 있는가 하면 팍팍한 사회를 바라보며 자신이 과연 이 사회에서 어떤 역할을 할 수 있을지 너무 진지하게 고민하는 아이들도 많다.

부모의 걱정과 노파심은 오히려 역효과를 나타내기도 한다. 다소 내성적이던 유현이는 얼마 전 아버지가 불쑥 공부 얘기를 꺼내며 여유롭지 않은 가정형편을 언급하며 열심히 공부하라는 말에 화가 치밀어 올랐다고 한다. 그 뒤 열심을 내보지만 공부가 머리에 들어오지 않고, 그 말을 듣기 전보다 집중력도 현저히 떨어졌으며 오히려 부모에 대한 반감만 생겼다는 것이다. "저도 집안 형편 어려운 것 다 안다고요. 하지만 제가 얼마나 애쓰는지 관심도 없으면서…."라며 울분을 터트렸다. 유현이를 달래줄 묘안이 떠오르지 않아 한참을 고심했었다.

힘든 부모의 심리는 굳이 대화하지 않아도 자녀에게 투영되고 부모 또는 주변인들이 가지고 있는 직업관은 고스란히 자녀에게 반영된다. 부모가 자녀의 눈짓, 몸짓 하나에 아이의 기분 상태를 파악하듯이 자녀 또한 부모의 말 한 마디, 지친 표정 하나에 그 심정을 헤아리는 것이다.

"취업이 잘 되는 과에 가고 싶어요."

"무슨 과에 가야 취업이 잘 될까요?"

"미래 유망한 과를 알려주세요."

아이들이 이렇게 대화의 포문을 연다면, 당장 알고 있는 정보를 토대로 즉답을 해주지 말아야 한다. 절대적으로 위험한 일이다. 부모가 알고 있는 정보라고 해봐야 세상에 떠도는 정보의 일부분 만 분의 일도 안 되는 것이니까. 그것을 가지고 자녀의 미래를 제시할 수는 없다. 대신, 자녀가 관심 있는 분야의 정보를 모아 주는 것이 좋고, 하고 싶은 일을 스스로 고민할 수 있도록 시간을 충분히 주고 기다려줘야 한다.

기회는 대부분의 사람들이 놓치고 마는데 왜냐하면 그것은 작업복을 입고 있으며 수고스럽게 보이기 때문이다.
-토머스 에디슨-

07

꿈꾼다고
이루어지는 것도 아니잖아요

인호의 꿈은 수의사다. 동물을 너무나 좋아하고 말 안 통하는 동물들의 마음을 읽고 치료해주는 수의사가 되겠다는 꿈을 초등학생 때부터 가지고 있었다. 부모님은 항상 인호의 꿈을 응원하고 지지해주신다.

그런 인호는 고1 1학기 중간고사를 치르고 한동안 방황의 시간을 보냈다. 중학생 땐 그저 고등학생이 되면 열심히 공부해서 수의학과를 가면 된다고 생각했다. 하지만 막상 고등학교에 와보니 배우는 과목도 만만치 않고 친구들도 엄청나게 열심히 공부한다. 담임선생님과의 상담에서 알게 된 끔찍한 사실은 수의학과가 우리나라에 많지도 않고 모두 상위 몇 프로에 들어야만 가능하다는 것이었다. '국어 80점, 수학 70점, 영어는 75점… 하….' 한숨이 절로 나왔다. 인호는 앞으로 어떻게 학교생활을 해나가야 할지 막막하다.

인호처럼 자신이 정한 꿈이 과연 실현가능한 것인지, 다른 사람에게 자신 있게 말할 수 있을지의 여부는 성적표에 적힌 수치에 따라 향방이 나뉜다. 섣불리 말부터 앞세웠다가는 "너는 꿈이 있다면서 이렇게 공부해서 어쩌겠니? 정신이 있는 거니 없는 거니? 지금 게임이나 하고 놀 때냐?"라는 잔소리를 감수해야 한다. 그래서 '에이, 어차피 성적으로 잔소리 들을 건데 꿈이 있어도 절대로 세상에 알리지 않겠다!'며 마음의 빗장을 걸어 잠가버리는 아이들도 있다. 꿈이 있지만, 자신만의 목표가 있지만 그것을 이룰 수 있느냐 없느냐의 여부와는 전혀 다른 문제이기 때문이다.

아이들도 자신이 정한 꿈을 실현하기 위해 여러 방면으로 다양한 시도를 한다. "생생하게 꿈꾸면 이루어진다, Dreams come true, 지금 자면 꿈을 꾸지만 지금 공부하면 꿈을 이룬다."와 같은 명언 구절들을 메모지에, 책상 곳곳에 붙여놓고 마음 속 동력을 깨우려고 애쓰기도 하고 자신의 꿈을 큼직하게 써놓고 '할 수 있다'며 스스로를 격려하기도 한다. 하지만 그럼에도 불구하고 아이들의 꿈과 성적의 갭Gap은 쉽게 좁혀지지 않는다.

꿈을 위해 성적을 극복한 사례는 많다. 낮은 수학성적으로 힘들었지만 고등학교 3년간의 혹독한 시간을 통해 수능시험에서 1등급을 받은 우현이, 고1, 2때는 전혀 두각을 나타내지 못했지만 고3이 되어 손꼽히는 성적을 받은 상민이, 적당히 공부해도 중위권 성적을 유지했던 지훈이가 마음잡고 공부해서 최고 명문대에 입학한 예 등등. 한편,

자신이 원하는 대학, 학과를 가지는 못했지만 대학 졸업 후 자신의 진로를 명확하게 정하여 해외 유수 명문대학원에서 러브콜을 받은 광진이도 있다. 꿈을 포기할 수 없어서, 꿈을 향해가는 길에 있는 장애물(성적)을 뛰어넘는 성과를 낸 것이다.

사실 성적 향상은 부모님이 생각하는 것보다 더 힘들다는 것을 아이들은 학교현장에서 몸소 느낀다. 그럼에도 불구하고 '치고 나가는' 학생들은 공통적으로 주변평가에 민감하게 반응하지 않는 무언가, 뚝심 있게 밀어붙이는 힘이 있어서다. 그들의 간절한 목표가 아무도 못 말리는 동력을 끌어낸 것이다. 그들이 우리에게 주는 교훈이 있다면 '꿈을 정했다면 다음 단계를 수행할 수 있다'는 것이다.

앤절라 더크워스는 자신이 원하는 바를 끝까지 해내는 투지, 인내, 근기根氣 등을 통칭하여 '그릿GRIT'이라고 명명했다. 돌이켜보니 주변에서 아무리 누가 뭐라고 한들 흔들리지 않고 끝까지 해내는 학생들에게는 바로 '그릿'이 있었다. 그들은 자신을 객관적으로 바라보고 목표를 잘게 잘라서 하나씩 꾸준히 해나간다. 또한 역사적으로나 현존하는 인물들도 '그릿GRIT'을 증명해낸다. 대표적인 인물이 2012년 79세의 나이에 자신의 50년 전 연구를 인정받아 노벨생리학상을 수상한 존 거든이라 할 수 있겠다.

"정말 형편없는 한 학기였습니다. 성적이 도저히 만족할 수 없는 정도이고 한마디로 엉망입니다. 50점 만점에 2점을 받은 것도 있습니다. 도무지 들으려고 하지 않고 자기 방식대로만 하려고 고집을 피웁니다. 과학자가 되겠다는 생각을 가지고 있는 것으로 알고 있습니다. 현재 상태로 판단하자면 정말 터무니없는 생각입니다. 본인 자신이나 그를 가르쳐야 하는 교사 모두에게 그야말로 시간낭비만 될 뿐입니다."

이는 존 거든이 학창시절 받은 성적표에 적힌 담임교사의 평가다. 15세 때 생물학에서 가장 낮은 점수를 받기도 했다니 그의 학창시절은 더 듣지 않아도 알 만할 정도의 인물이다.

학창시절, 담임선생님으로부터 이런 평가를 받은 학생의 기분은 어떨까? 아마 과학자의 꿈을 포기하려 들지 모른다. 만약 내가 우리 반 학생의 성적표에 이런 평가를 썼다면 어떤 상황이 벌어질까? 학생은 불쾌함, 반항심이 들어서 공부를 접을지 모른다. 잘 알지도 못하면서 마음대로 평가해 버리는 교사로 낙인찍고 욕할 수도 있다. 그리고 최악의 경우 "에이! 인정도 못 받는 공부 안 해. 그까짓 거 안 하고 만다."라며 성적표를 찢고 자포자기해 버릴 수도 있다.

하지만 존 거든은 달랐다. 이 처절한 평가를 받은 성적표를 액자에 넣어 자신의 연구실에 걸어두었다고 한다. 성적표를 보며 굳은 결심을 하고 어려움을 참고 견디며 공부했다는 것이다. 자기 자신에 대한 와신상담이라고 설명될 수 있는 이 일은 자기 자신에게 부끄러움을 느끼지 않았다면 실행할 수 없는 일이었다.

학교에서 상담을 하다 보면 꿈은 있지만 성적이 낮다며 낙담하는 학생들을 자주 만난다. "어른들은 꿈이 있어야 한다고 하죠. 하지만 성적이 좋지 않으면 꿈이 있어도 별 수 없는 거잖아요."라며 푸념하는 학생도 있고 "저는 공부를 열심히 하면 성적이 잘 안 나오고요, 공부를 열심히 안 했다고 생각하는 시험엔 이상하게 성적이 잘 나와요."라고 말하는 조금은 엉뚱한 학생도 있다. 솔직히 이런 학생들을 관찰해 보면 책상머리에 앉아서 공부한 적이 별로 없는 경우가 많다. 공부라고 해봤자 시험을 코앞에 두고 두세 시간 몰아서 하는 정도다. 어떻게 하면 공부를 잘 할 수 있을지 고민도 많고 계획도 많이 세우지만 실상 공부는 하지 않는다. 공부하는 티는 나지만 집중하는 시간이 짧고 책을 펼쳐놓았지만 머릿속으로는 다른 생각을 하고 있는 것이다. 알고 싶은 것도 많고 하고 싶은 것도 많아서, 친구들 일에 참견해야 하고 어디에나 자기가 빠지면 안 된다는 생각에 오지랖이 넓고 간섭을 해야 해서 공부를 하겠다는 마음과 달리 공부를 하지 못하는 것이다.

소설가 조정래는 '최선은 나 자신의 노력으로 스스로를 감동시킬 때 쓰는 말'이라고 했다. 앞서 언급한 존 거든처럼 '그릿'으로 자신을 감동시킨 사람에게 최선을 다한 사람이라고 지칭하는 것이다. 우리 아이가 무엇 때문에 최선을 다하지 못하는지 점검이 필요하다. 누수 되는 곳을 막으면 물은 더 이상 새지 않는 것처럼 아이가 집중하지 못하는 원인을 안다면 대안을 찾을 수 있다. 긴장을 늦추지 말고 아이의 문제점을 알고 개선해 나갈 수 있도록 도와야 한다.

자녀가 꿈이 있지만 성적이 낮아 고민하고 있다면 공부로 인생의 승패가 결정되는 것은 아니지만, 또한 대학이 꿈을 이루어주는 것도 아니지만 꿈을 향해 나아가는 노력의 끈을 팽팽하게 유지할 수 있도록 격려가 필요하다. 아이가 스스로 자기의 노력에 감동할 때 최선으로 이끌 수 있다.

단언컨대 부모님이나 선생님, 친구들에게 자기 꿈을 얘기하고 자기 문제점에 대한 도움을 구하거나 조언을 구하는 아이는 건강하고 에너지가 있는 아이다. 이때 막연하게 "열심히 해."라는 말보다 구체적인 노력의 방안을 제안해 보는 것이 좋다. 아주 사소한 것, 예를 들어 시간을 정해 놓고 휴대전화 안 보기나 스마트폰에서 게임 지우기 등 의외로 자신을 방해하는 요소들을 제거하자고 하는 것이다. 문제는 알고 있지만 너무 간단해서 실천하지 않았던 것들부터 실행한다. 바위를 뚫는 것은 한 방울의 물이다. 아이에게 작고 사소한 것의 힘을 보여주고 자신을 감동시키는 노력을 기울이도록 유도하는 것이 독서실을 끊어주는 것보다 효과적일 수 있다.

가슴 뜨겁게 원하는 것이 있다면 무엇이든 할 수 있습니다. 지금 시작하세요.
간절함은 기적을 만듭니다.
-슈퍼스터디 개발자, 주승열 선생님-

08

왜 나를
안 믿어주는 거예요

"젊은 시절은 거듭 오지 않으며 하루에 아침을 두 번 맞지 못한다^{盛年}
不重来一日難再晨."

동진시대 송의 대표적인 은거 시인으로 꼽히는 도연명이 쓴 「잡시」
의 한 구절이다.

『죽은 시인의 사회』에서 키팅 선생님이 언급한 '카르페디엠' 또한 라
틴어로 "눈앞의 기회를 놓치지 마라, 현재를 즐겨라!"를 의미하니 동
서양을 막론하고 누구나 그 시기에 해야 할 일이 있고 때를 놓쳐서
는 안 됨을 강조한다. 이와 같은 맥락으로 "허송세월 보내지 마라, 지
금은 다시 오지 않는다."라는 말을 수없이 자녀에게 했을 것이다. 하지
만 우리의 십대들은 그 말이 무엇을 뜻하는지 분명히 알지만, 부모님으

로부터 이런 말을 들으면 답답하고 화가 난다. 죽어라 공부해도 오르지 않는 성적과 원하는 진로를 선택하기에는 터무니없이 높은 벽이 느껴지기 때문이다.

현수는 요리사가 되고 싶은 중2 남학생이다. TV에 나오는 요리사들은 하나 같이 멋진 외모에 말도 잘한다. 요리도 요리지만 매력적인 요리사들을 볼 때마다 현수는 당장 요리학원으로 달려가고 싶은 마음이다. 현수는 요리프로그램이 인기를 끌기 전부터 요리하는 것을 즐겼다. 주말이 되면 자신만의 레시피를 가족들에게 선보이며 평가받는 것을 즐겼다. 최근 우리나라에도 요리특성화고등학교가 있다는 것을 알게 된 현수는 엄마에게 자기 뜻을 말했지만 돌아온 대답은 얌전하게 공부나 하라는 것이었다.

"TV에는 잘하는 사람만 나오니까 그럴 듯해 보이지? 현실은 그렇지 않아!"

항상 내 편인 줄만 알았던 엄마가 이런 반응을 보이니 아빠한테는 말도 못 꺼내겠다는 생각이 들었다. 보수적인 집안에 남자요리사라는 직업이 지지받을 리 없었다.

'아! 정말 나는 왜 이렇게 보수적인 집안에서 태어났을까, 엄마는 TV도 안 보시나? 요즘 요리사가 얼마나 멋지고 잘나가는데….'

현수는 무슨 수를 써서라도 부모님의 허락을 받고 싶다. 하지만 점점 자신이 없어진다.

십대들은 꿈이 확실한 친구들을 부러워한다. 꿈이 있다고 해도 나름 힘든 게 있겠지만 꿈이 없는 것보다는 힘들지 않을 거라고 믿는다.

누가 설명해주지 않아도 자신이 어떤 꿈에 스위치를 켜느냐에 따라 인생이 180° 달라진다는 사실을 감지하고 있는 것이다.

십대들은 호기심이 왕성하고 미래에 대한 기대가 크기 때문에 관심 거리가 생기면 현실적인 상황보다 자신의 마음 끌림에 더 큰 의미를 둔다. 그래서 자신이 생각한 미래와 부합되는 이미지가 그려지면 이것저것 재지 않고 돌진한다. 거기에 응원과 지지를 받으면 몸을 아끼지 않고 매진하는데 그 에너지원은 바로 열정이다.

반면에 자신의 관심사에 시큰둥한 반응을 보이거나 폄하하는 말을 듣게 되면 스위치를 제대로 켜보기도 전에 포기해 버리기도 한다. 자기에 대한 확신이 부족하고 불확실한 미래를 책임질 수 없기에 더 쉽게 주저앉는 것이다.

요리사를 꿈꿨던 현수도 "너의 결정에 달려있어.", "네 생각을 존중해!"와 같은 반응을 기대했을 것이다. 언제나 자신의 울타리로 여겨졌던 부모님의 싸늘한 반응에 자신이 없어진 현수는 이제 어떻게 할까? 현수의 기대대로 부모님이 긍정적인 반응을 보였다면 어떤 결과로 이어졌을까? 이런저런 의문이 들지만 자신의 생각을 부모에게 당당하게 말한 것만으로도 현수는 의욕이 있고 자신이 원하는 일에 대한 열정이 있다. 대부분의 학생들은 하고 싶은 것이 있다고 해도 혼자 생각으로만 그치고 부모의 의견을 묻는 것 자체를 어렵게 생각한다. 진로 문제에서는 미성년자인 자녀들이 혼자서 해결할 수 있는 부분이 극히 적다. 부모의 도움이 절대적으로 필요하다는 것을 아이들도 안다. 그렇지만 그들이 입을 닫고 말을 하지 않는 것은 자신의 의견이 무시당하거나 비관적 대답을 들을 것이라고 판단하고 용기를 내지 못하는 것이다.

하지만 현수의 경우처럼 말을 한다면 비록 당장 지지를 얻어내지는 못하더라도 부모의 입장에서도 다시 한 번쯤 생각해볼 수 있을 것인데 말이다.

그렇지만 말하지 않는다고 말을 안 해서 몰랐다고 아이만 탓할 수는 없다. 부모도 자기를 뒤돌아봐야 한다. 아이가 자기 의견을 말했을 때 아직 어린아이의 생각이라고 무시하지는 않았는지, 뭘 모르는 아이의 판단이라고 업신여기지는 않았는지 말이다. 대부분 자녀의 말과 행동은 부모의 반응에 따라 좌우되는 경향이 짙다.

나비 생태 연구가 찰스 코언 박사의 흥미로운 연구가 있다. 나비가 고치에서 빠져나올 때 외부에서 구멍을 넓혀주면 나비의 생명은 끝나버린다는 것이다. 쉽게 빠져나온 나비는 색깔이 아름답지도 못하고, 날지도 못한 채 죽어버린다고 한다. 힘이 들더라도 스스로 힘겹게 구멍을 빠져나와야 비로소 아름다운 나비로 성장이 가능하다.

나비의 일생에 빗대어 우리 아이들의 단계를 생각해 보자면 청소년기는 이제 막 고치를 뚫고 나오기 위해 일차적으로 구멍을 뚫었다고 생각하면 된다. 자신에게 진짜 중요한 것이 무엇인지를 고민하는 초보단계에 진입하는 기회를 얻은 것이다. 이때 부모는 아이들의 인생에 있어 든든한 지원자임은 틀림없는 사실이지만 이제 스스로 고민하고 결정하는 연습을 하도록 지켜봐야 하는 입장이다.

부모 입장에서 볼 때, 고치를 뚫고 나오기엔 아직 어리고 나약해 보인다는 생각에 도와주고 싶을 것이다. 세상물정 모르는 철부지 어린아이의 모습이 어리숙하고 답답해 보이기까지 해서 믿음직스럽지 않은 것이다. 고치를 뚫고 나오다가 힘들다고 포기는 하지 않을까 염려하여 손이 간질간질 하다. 참아야 한다. 이미 아이들에게는 고치를 뚫고 나올 힘이 내재돼 있다. 그것을 확고히 믿어야 한다.

빠른 성장을 원하는 아이들은 고치를 뚫고 나오기 전부터 자기주장을 한다. 들어주지 않으면 반항하고 더한 일도 불사한다. 만약 아이가 다짜고짜 자기의 의견만 들고 나와 관철시키려고 한다면 왜 이런 삶을 살고 싶은지 스스로를 설득해야 한다고 말해 보자. 꿈을 가지게 된 동기와 목적이 분명한지 살펴보고 충동적인 선택인지 심사숙고한 결과인지 증명해 보여야 한다며 설득해야 한다. 부모와 대화를 통해 더 깊이 고민하면 좋겠지만 여의치 않다면 객관적으로 스스로 자기를 들여다보는 기회가 되기도 하기 때문이다.

십대들은 '인생선배로서의 부모'의 진심어린 조언을 자신을 통제하는 잔소리로 받아들이는 동시에 부모의 보호와 인정도 받고 싶어 한다. 그래서 "내 인생이니까 내 뜻대로 하겠다."고 소리치지만 마음속으로는 부모의 전폭적인 지지를 갈망하는 것이다. 또한 뭔가에 꽂혔을 때 꼭 '지금'이어야만 할 것 같은 간절함과 다급함이 앞선다. 순간적으로 그 간절함이 정답처럼 생각되고 그것 외에는 길이 없는 것처럼 느끼는 것이다. 하지만 그것만이 절대적인 것은 아니라는 것을, 살다 보면 절대적인 것은 없다는 사실을 부모는 경험을 통해 알고 있다. 조급해서 부모를 달달 볶는 아이를 진정시킬 묘안을 가지고 있어야 한다. 이것이 자녀와 갈등을 겪지 않는 비결이다.

십대들은 아직 좁은 시야를 가졌으며 사고를 확장시켜야 한다는 사실을 아직 모른다. 알아도 모른 척하는 것일 수도 있고, 알고 싶지 않은 것일 수도 있다. 자기보다 경험이 풍부한 부모의 조언이 당장은 입에 쓰지만 몸에 좋은 약이라는 사실을 인정하지 않으려 든다. 그러므로 부모는 고지식하고 외곬수라는 인식을 뒤집어 경험이 풍부하고 세상을 보는 안목이 자신보다 넓기에 충분히 조언을 구할 대상이 된다고 믿음을 줘야 한다. 그것만으로도 고치를 깨고 나오는 과정에서 신중을 기하게 되고 비상할 수 있는 힘을 얻는 것이다.

우연히 경수를 만났다. 항상 중간 이상의 성적을 유지했던 터라 별 일이 없다면 4년제 대학에 무난히 진학할 거라고 여겼던 우리 반 부반장이었다. 경수는 고2 1학기 기말고사가 끝난 후, 가수의 꿈을 저버릴 수 없다며 극심한 진로고민에 빠졌고 경수의 고집을 꺾지 못한 부모님은 결국 입시 대신 가수의 길로 경수를 시시해주기로 결정했다. 하지만 지금은 자신의 꿈을 내려놓고 평범한 삶을 꿈꾸며 취업준비를 한다고 했다. 마음으로 늘 응원해 오던 경수였기에 가슴에 구멍이 뻥 뚫린 듯 씁쓸했다. 자신의 삶을 주도적으로 이끌고 싶어 했던 경수가 십여 년의 시간을 둘러온 것만 같아 안타까웠다. 경수는 자신을 끝까지 지지해주는 부모님에 대한 감사한 마음을 전하며 이제 또 새로운 시작이라는 메시지를 남겼다. 경수야말로 힘들게 고치를 빠져나왔다. 그동안 참 애썼다. 버려지는 경험은 없기에 아름다운 나비로 다시 비상할 것이라고 믿는다.

어떤 꿈이든 아이들 안의 꿈틀거리는 내적동기에 자신감을 불어넣어 주어야 한다. 설령, 부모님의 반응이 'NO'라고 하더라도 자녀가 의 기소침해지지 않고 자신이 진정으로 하고 싶은 일인지, 꿈에 실패할 용기가 있는지 돌아보는 기회로 삼을 수 있도록 부모가 확고한 신념으로 접근해야 한다. 절대로 대신 살아줄 수 없는 자녀의 인생이다. 설령 실패하더라도 자신의 꿈과 목표의 버퍼링 시간에 섣불리 취소 버튼을 누르지 않도록 해야 한다. 스스로를 한계 짓고 주변의 영향에 쉽게 흔들리지 않도록 자신을 재점검하며 나아갈 수 있도록 지지해줘야 한다.

자신의 생각대로 펼쳐질 미래를 잔뜩 기대하면서도 부모님과의 의견 차이에 고민하고 있는 십대들에게 먼저 세상을 산 어른으로서 '너의 곁에 항상 너를 응원하고 너의 발전을 기다리는 어른이 있다'는 말을 전하자. 그들이 희망을 품고 고치를 뚫을 수 있도록 말이다.

공부

중요한 거 아니까
열심히 하잖아요

09

공부, 죽어라 해도 안 되는데 때려치울래요

중학교 때 아진이는 소문난 모범생이었다. 학교시험에서는 매번 전교 상위권에 이름을 올렸고 교우관계도 원만하고 성실하고 착실했다. 그러던 아진이가 고등학생이 되면서 성적이 눈에 띄게 떨어졌다. 중학생 때는 공부한 만큼 성적이 잘 나왔다. 오히려 공부한 것보다 성적이 더 잘 나와서 공부에 대해 진지한 생각을 해보지도 않았는데 고등학생이 되니 공부라는 것이 결코 만만치 않다는 사실을 실감했다. 공부 방법에 대한 고민 및 공부 시간의 비중은 일과의 90%를 차지하지만 교과내용을 따라가는 것도 벅차다. 버거운 공부에 날이 갈수록 자신감도 없어진다. 부모님은 이런 아진이의 속도 모르고 부채질을 해댄다.

"아진아, 요즘 왜 이렇게 공부 안 해? 무슨 고민 있는 거야? 이제 방황도 할 만큼 한 거 같은데, 더 늦기 전에 정신 좀 차려야 되지 않겠니?"

사실 아진이도 떨어지는 성적이 걱정돼 더 열심히 공부하고 있지만 성적이 오르지 않고 있다. 이런 상황이다 보니 아진이 머릿속에는 왜 공부를 해야 하는지 의문이 생겼고 지금껏 왜 공부를 했는지, 공부를 해서 무엇을 할 것인지에 대한 물음만 가득해졌다. 아진이의 마음은 누구보다 답답하다.

아진이처럼 중학생 때는 승승장구하던 학생이 고등학생이 되어 뚝뚝 떨어지는 성적에 좌절하고 극복하지 못하는 예는 상당히 많다. 공부의 깊이나 난이도의 차이도 한몫하겠지만 본질은 공부에 대한 확신이 서지 않아 공부가 손에 잡히지 않는다고 하소연한다. 부모님은 이런 고민을 하는 십대의 자녀를 '방황'으로 정의내리고 포괄적으로 대응하려 든다. 그래서는 자녀가 나아지는 것과 성장하는 것에 방해만 될 뿐이다. 사춘기 자녀를 둔 부모라면 방황은 성숙한 어른이 되기 위해 꼭 필요한 과정이라는 인식의 전환이 필요하다.

어른의 관점이 아닌 아이들의 입장에서 매일 해야만 하는 '공부'에 대해 생각해 보자. 눈만 뜨면 듣는 공부, 공부는 도대체 왜 해야 하는 걸까 하는 의구심이 드는 것은 당연하다. 생활의 기초지식을 넘어서 전 교과에 걸친 지식의 강요로 느낄 수밖에 없는 것이다. 왜냐하면 그들은 어느 한 분야도 원하거나 선택하지 않았고, 의무교육이라는 현실에 던져져 누구나 받아야 하는 수업이었을 뿐이다. 그런데 여기서 잘하고 못한 결과로 인생이 좌우된다는 것이다. 당황스럽고 지독한 사회규칙의 설정인 것이다.

어른인 나도 공부에 대한 고민은 예외 없이 마찬가지였었다. 학창시절에는 하기 싫은 공부에 대한 이유를 찾기 위해 '이 공부가 나한테 필요한 것인가? 꼭 해야 하는 건가?'라는 질문을 던졌고, 교사가 된 후로는 '십대 아이들이 공부에 모든 걸 걸고 인생의 승부수를 공부에 던지는 것이 맞나?'라는 의문을 가지고 있다. 아무리 생각해도 연습장에 빽빽하게 쓰면서 외우는 이 내용들이 삶에 큰 영향을 끼칠 것 같지는 않다는 생각이다. 그러기에 학생들의 '공부'에 대한 고민에 대해 명쾌한 답을 찾아주지 못하고 있다. 그때 인용하는 말이 있는데 바로 나의 사춘기, 고민과 갈등의 시기에 은사님이 해준 조언이다.

"해야 하는 것과 하고 싶은 것이 사실 큰 의미가 없다. 주어진 공부를 하다 보면 하고 싶은 일이 생길 수도 있고 지금은 짜릿하게 와 닿지 않겠지만 각자에게 필요한 공부라고 여기고 최선을 다 하는 거야."

그때는 '결국 책상머리에 앉아서 공부해라는 말'로만 여겼는데, 살아가다 보니 관심사도 다양해지고 매번 다른 선택의 기로에 놓일 때마다 내가 살아가는 과정 중에 경험하고 배우는 것들이 결코 헛된 것이 아님을, 결국은 모두 내 삶의 자산이 됨을 깨달으면서 그 말의 의미를 이해하게 되었다.

얼마 전, 〈수업〉에 관한 강연을 들었다. 강사는 우리에게 교실에서 학생들이 공부하는 모습을 떠오르는 이미지대로 그리라고 했다. 나는 백지에 자신 있게 한 이미지를 그렸고 잠시 후에 다른 사람들도 나와 거의 같은 그림을 그린 것을 알고 깜짝 놀랐다. 우리의 그림에는 책상에 앉아 펜을 잡고 심각한 표정으로 책을 보고 있는 학생이 그려져 있었다. 강연 참석자들의 대부분이 중·고등학교 교사임을 감안하면 우리도 모르게 책상에 앉아 진지하게 몰두하는 것이 '공부'라고 학생들에게 주입하고 세뇌시킨 것은 아닌지 반성도 됐다.

아이들이 이렇게 책상에 붙어있어야만 하는 이유는 시험 때문이다. 주어진 시간에 누가 더 많은 지식을 정확하게 숙지하느냐가 관건이 된 것이다. 꼭 봐야 할 책이 정해지고, 시험범위 안의 내용을 한 자라도 더 새겨야 하고, 외운 것을 오래 기억하도록 달달 외워야 하며, 의자에서 일어나 딴 짓을 하면 불안이 엄습하기에 고도의 집중력을 발휘해야만 하는 것이다. 물론 사람마다 공부에 대한 생각이 다르지만, 학생들에게 공부는 시험과 직결되는 장치이다. 그 이상으로 공부의 개념을 포괄해서 생각하라고 요구하는 것은 무리다.

인류의 진화과정을 살펴보면 학습을 통해 인간이 어떻게 진화되고 성숙해 왔는지 확인할 수 있다. 경험을 통한 학습의 과정을 거치며 어제보다 나은 오늘, 그리고 더 나아질 미래를 꿈꾸는 인간이 되었다. 한 인간의 삶을 들여다보아도 끊임없는 자기 극복의 과정이 있기에 어른으로서 역할과 인간 대 인간으로 성숙한 교류를 할 수 있게 된 것이다.

이런 학습의 유익성에도 불구하고 '시험'이라는 장치를 설치해 인간적으로 성숙해가야 하는 시점의 학생들에게 학습(공부)은 '네가 사는 투쟁이고 경쟁이니 남을 이겨야 하고 거기서 승리해야 한다'는 식의 부정적인 의미로 인식되고 있다. 진정한 학습의 목표가 진정한 삶의 의미를 깨달아가는 과정이라고 생각할 때 학교에서 학습하는 공부의 의미가 설득력을 잃어가고 있는 것이다. 이 접점에서 본다면 십대들의 방황과 반항의 이유가 많은 부분 공부와 관련돼 있는 이유를 이해하게 될 것이다.

문명의 발달로 도래한 '백세시대'를 사는 우리에게 '평생교육'은 선택이 아닌 필수가 되었다. 불확실한 노후를 위해 '제2의 인생'을 준비해야 한다는 생각, 경험하지 않은 그때를 위해 뭔가를 해야 한다는 생각이 가득하지만 학교를 졸업하고 공부를 접었다는 어른들을 보면서 우리가 가지고 있는 '공부'의 개념은 학교시험의 한계를 넘지 못하는 듯 보인다. 당연히 이런 어른의 모습을 보는 아이들이 '공부'에 열정을 가지기란 쉽지 않다.

그러나 생각을 넓히면 우리의 삶 자체가 '평생공부'다. 태어나서 하나하나 터득해나가는 과정이 학습이고 자신의 살아있음을 증명해가는 과정이라고 본다. 100세 노인이라고 해서 세상의 모든 것을 알리는 만무하다. 뉴턴은 만유인력을 발견하고서 바닷가의 모래 중 한 알을 찾아냈을 뿐이라고 말했다. '지식+지혜'의 개념으로 공부의 범위를 확장시키면 하루하루 사는 것 자체가 학습의 과정일 수 있다.

그러므로 우리 십대들에게 공부 자체는 십대의 과제라기보다 우리의 삶을 지속하고 업그레이드하는 수단임을 일상의 대화 속에서 이야기해주자. 단순히 자격증을 위한, 점수를 위한 공부가 아닌 자신의 인생을 설계할 수 있는 것으로 공부를 받아들일 수 있도록 말이다. 명확히 떨어지는 수학공식을 외우고 영어 단어를 하나 더 외우고, 점수 1점에 연연해 사는 즐거움을 스스로 갉아먹는 일이 없도록 유도하자. 매순간에 '자신'을 알아가는 과정에서 공부를 즐길 수 있다면 아이들은 공부에 대한 부담이 덜어지고 자기 삶의 양분을 주는 의미 있는 일로 받아들일 수 있다.

다른 사람들의 생각과 경험에 의해 고무되지 않은 혼자만의 생각은 다른 이의 생각을 되풀이하는 하찮은 것일 수밖에 없다.
-알버트 아인슈타인-

10

짜증나게
행복은 성적순 맞아요

중학생 미현이는 요즘, 학업스트레스라는 단어가 왜 생겼는지 폭풍 공감하고 있다. 초등학생 때는 부모님이 밝고 쾌활한 미현이를 자주 칭찬해주셨다. 하지만 중1이 되어 처음 본 중간고사 성적표가 나오자마자 부모님은 완전히 다른 사람이 된 것처럼 번갈아가며 미현이를 혼낸다.

"미현아, 도대체 학교에서 공부를 하는 거야, 마는 거야?"

"평소에 카톡, 페이스북하고 할 거 다하더니 그때 알아봤어! 학원가서도 공부는 뒷전이고 친구들하고 어울려 놀고 있지?"

"학원비가 한두 푼도 아닌데⋯. 속상해서 내가 말이지!"

시험이 그렇게 중요했던 건가. 미현이는 '이럴 줄 알았으면 공부 좀 열심히 할걸.' 하는 생각이 들면서 성적표를 괜히 보여줬다는 후회가 밀려왔다. 지금까지 잘 살아왔는데 이젠 모두 공부, 공부한다. 그 소리가 너무 싫다. 공부를 안 하면 큰일난다고 하니 공부를 해야 할 것 같기도 하다. 미현이는 다가오는 기말고사가 두렵다.

동료교사 A는 초등학교 6학년인 딸 걱정이 태산이다. 항상 밝고 교우관계가 좋아서 매번 칭찬받는 모습이 인상적이었던 딸에게 무슨 일이라도 있냐고 물었더니 대번 이렇게 말했다.

"내년이면 중1이라고. 그런데 자기주도 학습이 전혀 안되니 머리가 아파. 그래서 요즘엔 집에서 얼굴 볼 때마다 잔소리를 안 할 수가 없네. 정말 큰일이야. 안 시킬 수도 없고 말이야."

누구보다 적극적인 성격의 교사 A의 눈에 책상머리에서 뭉그적거리는 딸의 모습이 영 마음에 들지 않는 것 같았다. 앞으로 중학교에서의 학습량을 소화할 수 있을지 걱정이라며 한숨을 내쉰다. 자녀가 중학교 입학을 앞둔 학부모들은 초등학교 때 경험하지 못한 '평가'에 대한 두려움이 있다. 그야말로 '그 결과'에 따라 지금까지의 자녀교육을 심판받는 양 중학교 입학 전에 부족한 부분을 채워야 한다고 생각한다. 모든 '평가'에는 남들보다 잘해야 한다는 전제가 깔려 있는 것 같다. 아무리 열심히 해도 남들보다 못하면 그 노력이 저평가되는 현실 때문이다.

어른들이 승진에 목숨을 거는 것도 조직 내에서 선택권을, 경제적 혜택을 더 많이 선점하기 위한 것처럼 학교에서는 '성적'이라는 기준은 암암리에 거스를 수 없는, 무엇보다 객관적인 잣대처럼 활용되며 선택 또는 선택되어지는 상황에서 결정적인 요소로 작용한다.

'행복은 성적순이 아니잖아요.'

십대들이 수없이 되뇌는 말이지만 학생으로서 현실은 성적이 곧 자신이 되어버리는 상황에 직면하게 된다. 그리고 부정할 수 없는 현실로 받아들인다. 상담을 하다 보면 공부로, 성적으로 자신을 판단하지 말아달라고 호소하는 학생들이 많다. 하지만 그 중에는 누구보다 공부를 열심히 해서 성적을 더 끌어올리고 주변인으로부터 인정받고 싶은 학생 또한 많다. 그래서 그들은 자신의 한계를 드러내지 않으려고 발버둥을 친다. 하지만 성적이라는 것이 자기 의지대로 오르지 않는다. 성적표를 받아든 학생들은 자기 뜻대로 되지 않는 현실이 너무 가혹하다.

수현이는 고등학교를 배정받고 걱정이 많다. 친한 친구들은 집 근처 학교로 배정받았는데 자신은 걸어서 30분 정도 거리에 있는 학교로 배정되었기 때문이다. 거리도 멀고 친구도 없다고 생각하니 앞으로 학교생활을 잘 할 수 있을지 지레 겁부터 난다.

우려 반, 기대 반으로 시작된 고등학교 생활. 짝이 된 현정이는 수현이의 마음을 이해하는지 항상 함께 해주었다. 점심시간이면 수현이를 일부러 기다려주어 함께 밥도 먹고 특별실에 갈 때도 꼭 챙겨서 수현이가 학교생활에 적응하는 데 많은 도움을 주었다.

입학한 지 한 달이 채 되지 않아 어느새 수현이와 현정이는 단짝 친구가 되었다. 수현이와 현정이는 둘 다 과학을 좋아해서 과학 동아리를 신청했고 얼마 전에 면접도 함께 보았다. 10명 모집에 60명 넘는 신입생이 지원했다는 소문이 돌았다. 그렇다면 떨어지더라도 덜 부끄럽겠다는 생각이 들었다. 드디어 동아리 신입생 발표일. 현정이는 당당하게 동아리 신입생 명단에 이름을 올렸다. 아이들이 웅성거리는 소리가 들렸다.

"역시 공부 잘하는 애들이 과학 동아리 들어가네, 너무 빵빵한 애들만 다 뽑아가는 거 아니야?"

과학 동아리 가입에 떨어진 수현이는 현정이가 부러웠다. '나도 과학 좋아하는데…, 실험도 많이 하고 싶었는데… 이럴 거면 면접은 왜 해 가지고' 수현이는 면접을 잘 봤다는 생각에 내심 동아리에 붙을 자신이 있었다. 현정이 앞에서 면접을 잘 본 거 같다며 자랑하던 자신의 모습이 계속 떠올랐다. 창피했다. 과학 동아리에 붙은 현정이가 자기를 어떻게 생각할까, 공부 못하는 애라고 무시하지는 않을까 걱정되었다. 한편으로는 동아리조차도 성적으로 뽑는다는 생각에 씁쓸한 마음을 감출 수가 없었다. '무조건 공부를 잘해야 내가 원하는 걸 할 수 있는 거다.' 복잡한 생각이 머릿속에 떠나지 않았다.

흔히 학교를 사회의 축소판이라고 한다. 그렇다면 다양한 삶의 모습 중 일부분인 학교에서 학생들이 꼭 배워야 할 것은 무엇일까? 배우는 과정임에 틀림없는데도 왜 학생들은 12년간 학교라는 공간에서 상대적 박탈감을 느껴야 하고, 많은 것을 함께 공유하는 친구를 공부 경쟁에서 이기고 상대적 성취감을 느껴야 하는 것일까?

명쾌한 답이 나올 리 없는 이 난처한 질문에 '학교에서의 우등생이 사회에서의 우등생이라는 법은 없다'는 말의 위로가 필요한 것 같다. 이 말 또한 '우등생'이라는 표현 자체가 결국 인생의 성적표처럼 느껴져서 씁쓸하기는 마찬가지다. 삶은 우열을 나누는 것이 아니고 나눌 수도 없는 것임을 잘 알기 때문이다.

여기서 '우등생'의 각도를 살짝 틀어서 생각해 보자. 자신의 삶의 장면에서 '의미를 찾으려는 의지'를 가진 사람으로 말이다. 살아가는 의미를 모른 채 물리적인 수치에 맹목적으로 매달린 나머지 자신의 삶이 고장 났다는 십대들이다. 어른들이 자기에게 요구한 노력의 결과물로 우수한 성적을 내밀어야 한다는 부담에서 벗어나지 못하고 기대에 부응하지 못하는 것을 자책하며 본연의 자기보다 부모의 요구에 맞춰지는 자기를 가꿔가고 있는 것이다.

어른의 입장에서 사실 부모가 원하는 노력은 그런 것은 아니라고 말해주고 싶었지만, 이미 공부 측면에서 너무 많은 상처를 받아 다른 사람들과 어깨를 나란히 하는 데에 위축되어 있기에 그 말 자체가 온전히 전달되기 어렵다.

거듭 말하지만 우리 십대들의 삶에서 중요한 것은 행복을 느끼는 것이다. 다양한 사람들과 함께하며 더불어 살아가야 하는 것이 삶의 모습이고 방식이기에 학교생활의 과정에서 진정한 '자기'의 모습을 찾는 것이 목표가 되어야 한다.
성적의 높낮이나, 공부의 흥미 유무를 떠나서 아이들이 자기의 모습을 찾는 것이 자신의 행복을 찾아가는 과정이라는 것을, 상대적 성취감만큼이나 상대적 박탈감 또한 자신을 성숙하게 하는 기회라는 것을 학교생활에서 배우고 터득할 수 있도록 배려하고 존중해야 한다. 이것이 우리 아이들이 세상을 행복하게 살아갈 수 있는 근력을 키울 수 있게 돕는 방법이다.

11

집중 못 하는 게
내 탓인가요?

　23시 30분. 희정이가 있는 곳은 어김없이 독서실이다. 매일 자정이 되면 아빠가 데리러 오기 때문에 남은 30분이라도 더 공부를 해야겠다고 생각한다. 희정이는 하교 후 수학학원에 갔다가 저녁 9시면 독서실로 향한다. 매일 3시간의 자습시간을 가지는 것이다. 하지만 희정이의 성적은 늘 제자리걸음이다.

　공부를 열심히 하겠다고 큰소리치며 끊은 독서실인데 마음먹은 만큼 공부에 집중이 안 된다. 집에서는 TV소리, 동생이 들락날락하는 소리들 때문에 도무지 집중이 되지 않아 독서실만 끊으면 공부가 저절로 될 줄 알았는데 이것도 잠시, 책상머리에 앉으면 학교에서 있었던 일, 친구와의 대화내용 등 수학문제를 풀다가도 딴 생각을 하고 있는 자신을 발견한다. 공부를 잘하고 싶은 희정이는 스스로를 컨트롤하지 못하는 자신이 한심하다. 공부에 집중하려 하면 할수록 딴 생각이 더 나는 이유는 뭘까?

실제로 우리 반 학생 중에도 학교 자율학습 시간에 도무지 집중이 안 된다며 독서실에서 공부하기를 원하는 학생들이 있었다. 그 이유를 물으면 주변의 산만함과 속닥거림이 거슬리고 겨우 공부가 된다 싶으면 집에 갈 시간이 되어버린다는 것이다. 이렇게 말하는 친구들은 희정이처럼 공부를 잘하고 싶은 마음이 가득한 경우다.

대다수의 학생들은 학교의 규율을 따르는 것을 원칙으로 여기지만, 자율학습에 대해 불만을 토로하거나 반기를 드는 경우는 자신과 맞지 않는 상황에서 도무지 '자율적인' 학습이 안 됨을 인식하고 나름대로 고민의 시간을 가진 뒤 의견을 제시하는 경우다.

학교의 원칙과 학생의 요구 사이에서 이러한 문제로 마찰이 일어나는 것은 비일비재하다. 최근에는 지역 특성이나 학교의 지침에 따라 자율학습에 대한 규정도 다양한 형태로 운영되고 있다. 그만큼 교육현장에서도 학생들의 요구와 다양성을 수용하고자 노력하고 있다는 반증이다.

학교에서 자습감독을 할 때면 길지 않은 시간임에도 부담감이 느껴진다. 겉으로 보기엔 '정숙'해 보이지만 정숙하지 않은 학생들, 몰래 SNS상에서 대화를 하거나, 게임에 열중하는 학생들을 어떻게든 정숙한 분위기를 만들어야 하는 것이 감독교사의 역할이기 때문이다. 학생들은 종이 울리면 일사불란하게 자기 자리에 앉아 공부 상태로 재빠르게 전환해야 함을 잘 안다. 하지만 인간은 기계가 아니기에 분위기가 잡히기까지 10분 이상의 시간이 소요된다. 웅성거림은 끝이 없고, 공부에서 벗어날 하나의 여지를 찾아 끝없이 눈과 귀를 굴린다. 때마침 발생한 한 건(?)에 와르르 웃음을 터트리고, 목청을 돋우어 분위기를 이끈다. 이런 자유분방함이 불현듯 닥치면 자습감독자 입장은 난처하기만 하다. 아무리 조용하라고 외쳐도 일시에 조용해지기가 쉽지 않은 까닭이다. 반면에 상대적으로 유난히 공부가 하기 싫지만 옆자리에 앉은 친구가 열심히 과제를 하는 모습을 보면서 자신도 모르게 덩달아 열심히 하기도 한다. 학교 자율학습의 장단점이다.

여기서 말하고 싶은 것은 학교든, 독서실이든 학생들에게 '스스로' 학습하는 시간이 필요하고 어떻게 하면 그 시간을 잘 활용할 수 있는지에 대한 것이다. 당장 눈앞에 닥친 시험, 입시를 앞둔 학생들은 그 무엇보다 공부를 잘하는, 성적을 올릴 수 있는 무언가를 찾고 싶어 한다. 그래서 유명한 공신의 학습법까지 열심히 탐색하며 자기에게도 그 놀라운 변화가 일어나기를 기대한다. 부모의 기대도 마찬가지여서 학습법에 관한 다양한 책들이 해마다 쏟아지고 매스컴에서도 공부비법이나 두뇌에 좋은 음식 등 조금이라도 도움이 될 만한 내용을 편성해 방송한다. 내용과 표현은 상이하지만 결국은 '학습력, 자기주도력'을 끌어올리겠다는 부모와 아이들의 목적에 귀결되는 것이다. 그로 인해 방법의 차이를 찾고 시간과의 싸움이 시작된다.

'모두에게 똑같이 주어진 24시간을 어떻게 잘 써야 할까?'를 고민하면 자연스럽게 '효율'이라는 단어가 떠오른다. 잠자는 시간까지 아껴가며 쉬지 않고 공부에 매진하는 학생이 성적도 잘 나온다면 그저 '열심히 해라'는 말이 설득력을 가질 수 있겠지만, 공부에 할애하는 시간과 성적이 비례한다는 보장이 없기에 자연스럽게 공부 방법을 운운하게 되는 것이다.

사실, 공부는 자신의 필요에 의해 스스로 하는 것이 가장 이상적이다. 하지만 우리나라의 학생들은 '대학, 입시'가 학창시절의 화두이기에 일찍부터 입시를 위한 공부가 자신의 목표가 되었고 '나도 다른 사람들처럼 대학을 가야 한다'는 명제가 머릿속에 선명하게 새겨져 있는 상태다. 이런 강압성이 제도화된 교육의 명분 아래서 학생들이 공부의 '자율'을 찾기는 쉽지 않다.

상황은 이러하지만 『공부와 열정』의 저자 제임스 마커스 바크는 즐겁게 자신만의 학습법을 들여다보고 '자신만의' 학습법을 구성하는 것이 얼마나 필요하고 중요한지를 말해준다.

제임스 마커스 바크의 집중을 위한 노하우

- 스스로 공부의 룰을 세운다.
- 조급한 마음은 시간을 더 지체하게 할 수 있으므로 마음의 여유를 가진다.
- 사람은 로봇이 아니므로 온(ON) 스위치를 켠다고 바로 전환이 일어나지 않는다. 자신만의 방법인 좋아하는 노래를 한 곡 듣거나 책 내용을 한 번 훑어보는 등 잠시 가벼운 워밍업으로 두뇌의 긴장을 풀어준다.

위 방법은 일반적으로 교사가 수업에 들어갈 때도 이와 비슷하게 진행된다. 수업 도입부분에 자연스럽게 본론으로 들어가는 경우도 있지만 유난히 어렵고 수업이 안 되는 날도 있다. 그럴 때는 오늘 학생들에게 가르쳐야 할 내용에 대해 동기부여를 위한 흥미유발을 시도한다. 수업과 상관없어 보이지만 교사는 전체를 아우르며 교묘하게 교과내용의 핵심을 전달하는 목적을 가지고 접근하는 것이다. 이를 심리학에서 스키마schema라고 한다.

아이들이 스스로 공부의 룰을 세우고 행동을 들여다보는 데에 좋은 도구가 '플래너'다. 막연하게 느낌으로, 생각이나 그쳤던 것에서 플래너를 쓴다는 것 자체가 내면의 나침반 역할을 할 수 있다. 하지만 자신의 학습을 들여다보고 스스로 점검하며 활용할 수 있는 도구로 플래너 작성을 권하면 어떤 학생들은 그것을 작성하는 데에 드는 시간과 노력 또한 낭비라고 생각하고 거부하는 경우도 종종 있다.

계획들의 서술로만 그치는 플래너라기보다 자신이 하루를 어떻게 분할해서 잘 쓰고 있는지, 계획했던 것을 제대로 실천하고 있는지를 스스로 돌아보는 장으로써 활용한다면 자기만의 학습법을 구축해갈 수 있다. 아이와 플래너를 공유하며 고민과 문제 원인을 나누기에도 좋은 재료가 된다. 아이가 공부를 하려고 하면 딴 생각으로 집중이 안 된다고 호소하면 여유를 가지고 그의 산만함을 받아들여보자. 차라리 고민만 하지 말고 자신의 플래너에 딴 짓을 할 수 있는 '여유시간'을 배치하라고 말해준다면 아이는 고민거리가 해소되는 느낌일 것이다.

'하면 안 돼!'라고 제한하면 더 하고 싶은 것이 사람의 마음이다. 불쑥불쑥 끼어드는 딴 생각으로 공부가 안된다면 그것에 관심 있는 아이를 인정하고 간식타임을 갖는다든지, 산책이나 영화로 기분전환을 유도하고 마음의 평정을 찾는 시간가지기를 권하자. 무조건 묵묵히 참고 책상머리에 앉아 있는 것만이 최선이 아니라는 것, 머릿속에 떠오르는 수만 가지 생각들을 각각의 생각 폴더에 정리하는 노력들이 모여야 공부를 할 수 있는 최적화 상태가 된다. 이것은 부모가 먼저 인지해야 할 요점이다.

자신감은 어디선가 불쑥 나타나는 것이 아니다. 그것은 어떤 것의 결과이다. 몇 시간, 며칠, 몇 주, 몇 년의 끊임없는 노동과 헌신의 결과인 것이다.
-로저 스타우바흐-

12

시험이 세상에서
가장 두려워요

"재은아, 시험공부 다했어?"

"아니….."

"에잇 뭐야? 너 평소에 쪽지 시험 치면 잘하잖아."

"그건 그거고, 나도 걱정이 태산이야."

"엄살 봐라. 너 시험 잘 보기만 해봐. 나 먼저 갈게."

쪽지시험에서 줄곧 좋은 성적을 받는 재은이는 중간이나 기말 같은 진짜 시험은 두렵다. 평소 자신 있던 내용도 시험만 치면 왜 이렇게 틀리는지. 공부를 잘하는 건 아니지만 잘하고 싶은 마음은 굴뚝같은데 시험기간만 되면 주눅이 들고 자신이 없다. 지난번에도 시험이 끝나고 영어선생님께 불려갔다.

"재은아, 그 빡빡한 단어시험에서도 한두 개 밖에 안 틀린 녀석이 정작 중간고사에서는 왜 이렇게 많이 틀렸어? 단어도 다 알겠다, 수업시간에도 곧잘 따라오는데 안타깝네."

재은이 자신도 그 이유를 잘 모르겠다. 왜 이렇게 중요한 시험만 다가오면 마음이 불안하고 걱정이 앞서는지….

어떤 형태이든 시험은 묘하게 학생들을 주눅 들게 한다. 수업시간에 유인물을 들어가면 느닷없이 "오늘 시험 치는 거 아니죠?"라며 지레 겁먹고 물어보는 학생도 있다. 돌돌 말려진 하얀색 뭉치만 봐도 머리가 지끈거리고 마음이 답답해지는 증상을 호소한다.

중국 학생들도 매년 6월이 되면 우리나라의 대학수학능력시험에 해당하는 '까오카오高考'를 치른다. 몇 해 전 6월 초, 산동성 태안에 위치한 '태산泰山'에 올랐다. 우리에게는 양사언의 시조 일부분인 "태산이 높다 하되 하늘 아래 뫼이로다"로 유명한 곳이다. 중국에서는 오악五岳 중 한 곳으로 불리며 오르기 힘든 곳으로 알려져 있지만 산 정상에는 교복을 입은 중국학생들이 꽤 많았다. 그들의 대화와 간절히 기도하는 모습에서 곧 '까오카오高考'를 앞둔 수험생들임을 알 수 있었다.

시간, 공간은 다르지만 수능을 앞두고 매사 조심하며 긴장하는 우리의 모습과 참 비슷했다. 한두 문제로 등급이 정해지고 자신이 하고 싶은 것을 할 수 있느냐 없느냐를 결정 짓는 매우 중대한 요인이므로 세상의 모든 신에게 열심히 기도를 해서라도 어떻게든 시험을 잘 보고 싶은 마음이 큰 것이다. 우리나라에서도 '수능'이 다가오면 모든 수험생의 행운을 기원하는 먹거리부터 학용품이 나오고 각종 징크스 퇴치용 격려품이 쏟아져 나오는 것도 마찬가지다.

학생들이 시험을 통해서 궁극적으로 얻고자 하는 것은 앞으로 살아가야 할 다양한 상황에서 '어떻게' 문제를 '잘' 해결할 수 있는 능력을 기르는 것이다. 그런데 어찌된 건지 학생들에게 시험의 목적을 '문제해결력 향상'이라는 표현으로 완화시켜 말하는 것은 별로 와 닿지 않는 듯하다. 눈앞에 닥친 시험, 자신을 평가할 수치들이 주는 스트레스에 예상치 못한 상황으로 시험을 망치지는 않을까 하는 망상까지 더해져 극한의 불안감에 시달리기 때문이다. 그동안 시험을 치르며 경험상 알게 된 많은 사실들-답안지에 답을 밀려 써서 시험을 망쳤다, 갑자기 배가 너무 아파서 시험을 망쳤다, 시간부족으로 문제를 다 못 풀어서 시험을 망쳤다, 주변 친구가 계속 의자 끄는 소리를 내서 시험을 망쳤다, OMR카드에 마킹을 못해서 시험을 망쳤다-은 시험을 잘 치르고 좋은 성적을 받기 위해서는 시험에 '운'도 따라줘야 하는 것으로 해석된다.

무슨 일을 할 때 적당한 스트레스는 집중력을 높여주고 활력소가 된다. 하지만 적당하지 않은 상황, 즉 결과에 지나치게 연연하게 되면 자신을 뛰어넘는 도전적인 학습보다는 높은 등수, 남보다 월등한 성적 자체를 위한 공부에 집중하게 되고 학업스트레스가 심해진다. 고학년이 될수록 주변 친구들도 열심히 공부하는 경향이 짙어지므로 '순위상승'이라는 표면적인 목표가 태산만큼이나 높게 느껴지는 것이다. 수차례 반복되는 시험상황에서 남보다 좋은 결과를 내야 한다는 부담감은 종종 좌절감으로 나타나고 급기야 시험공포에 이르게 된다. 시험기간만 다가오면 유독 화장실을 자주 드나들고, 머리가 아프고 우울해지는 증상을 호소하는 학생들이 많은 것도 그런 이유일 것이다.

학생들이 과정보다 결과에 집중하면 큰 것을 보지 못하고 눈앞에 보이는 작은 것에 목숨 걸게 된다. 치열한 경쟁에서 한 번의 실수는 평생을 좌우할 만큼 돌이킬 수 없는 결과를 초래한다고 믿는다. 어른들이 아무리 '괜찮다'고 위로한들, 와 닿지 않는다. 차라리 시험에 대한 자신만의 징크스를 없애기 위해 '절대로 미역국은 먹지 않는다, 머리를 감지 않는다, 답을 고치지 않는다' 등 신빙성은 없지만 왠지 모르게 지켜야만 할 것 같은 룰^{rule}들을 만들어낸다. 시험 징크스가 없다고 생각하는 학생들 또한 시험기간에 미역국 먹는 것을 꺼리는 것은 사소한 것 하나라도 조심하자는 취지의 행동일 것이다. 좋은 성적을 받기 위해 우리나라 청소년들이 자기 인생의 큰 그림을 놓치고 시험을 공포라고 여길 정도로 극심한 스트레스를 받는 상황은 무척 안타깝다. 높은 성취를 원하는 것도 윤택한 삶을 위해서인데 현실이 전혀 편하지 않은 것이다.

『공부의 달인 호모 쿵푸스』 책에서 전하는 메시지처럼 자기를 넘어서기 위함이 공부의 이유이자 목표가 되어야겠지만, 우리나라 학생들은 '좋은 대학 가기 위해 필요한 과정'으로 여기며 공부의 본질을 오해하고 있다. 이것은 비단 학생들만의 판단이 아니라 사회의 구조적 문제, 제도적 한계에 원인이 있기도 하다. 어른들조차도 과정이 중요하다고 하면서 '시험성적'이 실망스러우면 노력의 과정을 인정하지 않고 물거품을 만드는 것을 보면 우리에게 고정된 공부와 시험의 관념을 알 수 있다.

김주환은 『회복탄력성』 책에서 '자신에게 닥치는 온갖 역경과 어려

움을 오히려 도약의 발판으로 삼는 힘'으로 만들어야 한다는 '회복 탄력성'을 강조했다. 회복탄력성이 낮은 사람들은 실수를 지나치게 두려워하는 반면, 높은 사람은 실수를 하더라도 긍정적으로 반응한다. 십대들은 마주하고 있는 자신의 인생에서 '회복탄력성'을 확보해야 한다. 그런데 아직 정체성이나 가치관의 정립이 확고하지 않은 상태에서 자력으로 안 되는 부분이기도 하다. 그러기에 주위의 인정과 격려가 뒷받침되어야만 탄력의 강도는 높아지고 세질 것이다.

아이들이 실수를 하지 않으려고 잔뜩 긴장하며 애쓰기보다 숨을 크게 한 번 들이쉬고 마음을 편하게 먹는 연습을 하도록 방향을 제시해 보면 어떨까? 자기를 있는 그대로 받아들이며 두려움을 극복하고 회복탄력성을 키워가는 것이 아이들의 성장에 더 중요하다.

13

나도 내 성적에
만족하지 않는다고요

수학시간. 희경이의 온 신경이 선생님의 말 한마디, 판서 하나하나에 집중된다.

"자, 다음 문제로 넘어가자. 어디서 많이 본 문제지? 지난 모의고사에서도 비슷한 문제가 나왔었는데 기억나니?"

희경이는 가슴이 덜컥 내려앉았다. 문제는 생소하고 풀이방법은 아예 깜깜하다. 더구나 이전 문제도 아직 이해하지 못했고 필기하기에도 바쁘다. 친구들은 하나같이 다 잘 아는 것 같고 문제도 잘 푼다.

'맨날 나만 못 따라가. 진짜 수학 잘하는 애들 부럽다. 내 머리는 왜 이렇게 둔한 거야.'

수학은 학생들의 공부에 대한 스트레스를 대표한다. 그만큼 수학을 잘하는 친구는 부러움의 대상이자 입시경쟁에서 유리한 고지를 점령한 정복자로 인정받는다. 보통 수학을 잘하면 공부 잘하는 학생, 머리 좋은 애로 통한다. 아이디어와 꾸준한 노력을 기울여야 성과를 낼 수 있는 과목의 특성도 있겠지만 인생이 달려있는 입시에서도 매우 중요한 비중을 차지하고 있기 때문이다. 그래서 유독 수학과목에 관심이 지대하고 '수포자(수학 포기자)'를 줄이기 위한 노력이 다양한 형태로 시도되고 있다.

입학하기 전부터 수학학습지를 풀고 수학학원은 필수코스가 되어버렸다. 수학학원의 진도를 따라가지 못해 수학학원용 과외를 받는 아이들도 있다고 하니 수학은 학생들을 괴롭히는 주범이 맞다. 단순히 괴롭히는 것이 아니라 수학으로 인해 인생의 진로가 바뀌는 경향이 있으므로 학생들에게 수학은 심각한 문제로 인식된다. 잘하면 무슨 문제가 있겠는가. 하지만 우리 학부모들도 수학을 잘했던, 아니면 나름 자신 있었던 사람은 몇 % 안 된다. 그러기에 자기 삶을 반추해 본 결과로 아이들에게 '수학 공부'를 더 집중해서 강요하는 것은 아닐까.

이런 현실에서 학생들이 수학과목을 부담으로 느끼는 것은 당연하다. 수학을 잘한다는 학생조차도 언젠가 마주할지 모르는 생소한 문제를 잘 풀기 위해 항상 대비태세를 팽팽하게 유지한 채 긴장한다.

물론 공부에 대한 고민이 많은 학생들에게 수학의 예는 빙산의 일각일 뿐이다. '공부를 잘하는 것'은 상당히 많은 혜택을 받을 수 있는 결정적 요소인 것이고 그런 자격을 갖춘 친구들은 마냥 부러운 존재로 대접받는다. 자신의 의지대로 대학과 학과 등 진로를 결정했다고 하더라도 입시라는 관문을 통과해야 하기 때문에 공부에 대한 부담감은 떨쳐버릴 수 없다. 하지만 생각대로 잘 되지 않는 공부, 쉽게 오르지 않는 성적으로 현실의 쓴맛을 경험하며 좌절에 어깨가 축 처진다.

'공부'는 학생들에게 도전의 대상인 동시에 지속적으로 시련을 주는 좌절의 아이콘이다. 학생들은 공부를 인생 그 자체로 받아들인다. 공부를 잘하는 친구는 인생에서 이미 성공한 것으로 여기며 부러워한다. 그 부러움이 '나도 잘할 수 있다'는 긍정적 동기로 작용하면 더 없이 좋겠지만 상대적으로 낮은 자신의 성적에 자존감은 떨어지고 자신감마저 바닥을 친다. 자신에 대한 비관에 부정이 더해져 자신의 모습을 초라하게 받아들이고 심각한 좌절로 이어지면서 누구도 바라지 않는 결론을 도출해낸다.

'난, 안 돼! 포기할래!'

부모는 이런 문제가 돌이킬 수 없이 심각해져서야 비로소 그 소리에 귀 기울이지 않았다는 것을 인식하고 치유를 위해 노력을 기울이지 않은 모습을 반성한다. "소 잃고 외양간 고친다"는 격으로 그 지경이 되고서야 그들에게 있어 삶 그 자체인 공부로 인해 받은 상처가 얼마나 깊은지 들여다본다. 하지만 이미 상황은 손 쓸 수 없게 되었으니 후회를 한들 무슨 소용이 있을까.

학력, 스펙을 중요시하는 우리나라의 학생들에게 '공부'의 영향력에서 벗어나라고 하기는 쉽지 않다. 답답하고 고민이 되지만 어떻게 설명해도 설득할 수 없는 것 중의 하나이다.

먼저 공부에 위축돼버린 마음을 푸는 것이 우선되어야 한다. 누구나 1등을 할 수는 없다는 사실, 누구나 우등생이 될 수는 없다는 진실이 존재한다는 것을 이해시켜야 한다. 우등생의 범위 안에 자신이 속해 있어야 한다는 부담을 갖지 말고 자기 페이스를 유지하는 것이 더 오래 달릴 수 있고 끝까지 뛸 수 있는 비결이라는 것을 자연스럽게 인지하도록 도와야 한다.

"선생님, 어떻게 하면 공부를 잘할 수 있어요?"

"공부 잘하는 친구가 부러워요. 저도 그 친구처럼 잘하는 날이 올까요?"

매년 상담시간에 듣게 되는 질문이자 학생들의 고민이다. 이런 질문을 받으면 어떤 말을 해주어야 하나, 어떤 조언으로 마음을 달래주고 용기를 줄 수 있을까 나 자신도 고민스럽다. 무한한 가능성을 열어두고 "당연히 할 수 있지!"라고 말해주기에는 "열심히 하면 돼!"라는 암묵적 강요가 깔려 있다는 것을 알기에 쉽게 입 밖으로 나오지 않는다. 또한 그동안 열심히 해봤지만 안 되는 것에 대한 답답함을 호소하는 학생의 마음을 알기에 그런 형식적 조언이 불필요해 보인다. 그렇다고 "절대 그런 날은 오지 않을 거야."라고 말할 수도 없는 일이다. 공부에 대한 관점을 다르게 보고 아이들이 공부에서 해소감, 해방감을 느낄 수 있도록 해주고 싶다는 마음뿐이다. 더불어 공부를 못해서 '좌절'을 학습하는 그들에게 어떻게 하면 좌절을 극복하고 자신감을 되찾을 수 있을지에 대한 답을 해주고 싶다. 그렇지만 사회구조와 현실을 외면할 수 없는 나도 답을 찾기가 어렵다.

정신과 전문의 정혜신은 '좌절'을 주제로 한 강의에서 좌절한 아이에게 어른이 해줄 수 있는 것은 '기다림', '함께 해주는 것'임을 강조했다. 세상에는 나를 지켜봐주고 응원해주는 사람이 있다는 것, 이 세상에 내 고통과 고민을 이해하는 사람이 있다는 그 자체만으로도 힘을 얻는다는 것이다.

어떤 사람이라도 자신의 생각대로 잘 되지 않는 상황에 부딪히면 방황을 한다. 좌절에 직면하는 것 자체가 상당히 고통스러운 일임에 틀림없다.

십대들이 건강한 어른이 되는 데에 주변인의 지속적인 '관심'이 가장 강력한 지지대다. 우리의 십대들이 건강한 자신감을 가지고 잘 살아가기 위해 그들에게 필요한 것은 무엇인지 살펴보고, 그들의 말을 귀 기울여 들어야 한다. 불만과 호소를 어리숙한 아이들의 투정으로 단정 짓지 말고 아파하고 있는 상처로 받아들여야 한다. 그들은 아직 여리고 미숙해서 강해 보이려고 애쓰지만 자생하는 법을 모르기 때문이다.

"우리가 살아가면서 점점 더 발전하고 성숙할 수 있는 이유는 무엇일까?"

곰곰이 생각해 보면 삶은 매 순간 좌절과 실패의 연속이다. 피해가고 싶지만 불현듯 불시에 닥치기에 늘 위기감을 느끼며 살고 있다. 그럼에도 불구하고 그들의 좌절과 실패를 '기회'라고 말하고 싶은 이유는 우리가 크고 작은 좌절과 실패의 결과로 단단해진 마음 덕분에 '노력함'이라는 무기가 생겼다고 느끼기 때문이다. 당시에는 자신을 난감하게 하고 답답하게 했던 그 경험을 통해 이전보다 꼼꼼하고 철저한 계획을 세울 수 있게 되었고 그것이 인생의 노하우가 되었다.

우리 십대들 또한 마찬가지다. 자신들이 현재 경험하고 있는 좌절과 실패를 자기만의 경험이라고 여기고 그것을 극복할 구체적인 전략을 짜보는 것이 좋다. 누군가의 힘을 빌리지 않고 스스로 인정한 자신의 한계를 뛰어넘고 벗어날 길을 찾아볼 수 있도록 다양한 경험과 넓은 시야가 필요하다. 그것은 하루아침에 번개에 맞아 불현듯 불시에 가능한 것이 아니다.

인내와 노력이 필요하다. '하루에 한 문제 꾸준히 풀기' 같이 자기가 할 수 있는 범위 안에서, 그리고 그것을 실행할 수 있는 범주 안에서 계획하도록 하는 것이다. 공부의 벽은 자신의 힘으로 넘기엔 너무 높은 장벽이며 자신이 통제할 수 없는 것이라고 단정 짓는 아이들에게, 우수하게 뛰어넘기를 강요하지 말고 자기가 가진 역량을 최대한 발휘할 수 있는 기회라는 것을 가르쳐주는 것이 좋다. 설령 실패하더라도, 못한다며 그 자리에 주저앉더라도 채근하지 말고 언제든 마음먹으면 가능하다는 희망을 갖게 하자. 우리 아이들이 부모의 다그침으로 청소년기에 이미 자신의 역량과 가능성의 밑바닥을 드러내고 살아보지도 못한 인생을 탈진상태로 보내지 않도록 주의를 기울이자는 것이다.

14

대학 이름이
그렇게 중요해요?

명우는 고3 수험생이다. 2주 전, 6월 수능 모의평가를 봤다. 입시 베테랑인 담임선생님은 모의평가를 망쳐 실의에 빠져 있는 학생들을 위해 일부러 대학생 선배들을 불렀다. 생생한 대학이야기, 수험생활 극복기 등등 선배들 입을 통해 나온 스토리는 학생들의 관심을 끌기에 충분했다. 선배들은 하나같이 명문대라 불리는 SKY대생이라 그런지 표정에 자신감이 넘쳤다. 선배들이 돌아가고 명우네 반 아이들은 모두 SKY대 신입생이 된 듯 살짝 들떴다. 명우 짝인 강훈이는 정시에 올인해서 좀 전 그 선배들처럼 좋은 대학을 가야겠다며 눈에 힘을 준다. 명우는 자신의 성적표가 부끄러웠다. 신통치 않은 성적, 들쭉날쭉 기분에 따라 하는 공부, 미래에 대한 밀려드는 두려움에 움츠러든 자존감,

누구에게도 말 못 하는 고민이다. 명우는 좋은 대학에 못 가면 좋은 직장을 못 얻고 성공한 인생을 살지 못할 거라는 공포가 엄습했다. 앞으로 당당한 사회인이 될 수 있을지 자신의 앞날이 걱정으로 가득 찼다.

학생들에게 우수한 시험 성적, 명문대 진학은 인생에서 우선권을 쥔 것처럼 인식된다. 학교에서 보는 정기고사만 끝나도 '목표점수에 도달한 과목에 대해 용돈을 얼마를 받는다, 만점을 받으면 학원에서 수강료를 면제해준다' 등 성적이 오른 것에 대한 보상이 따르기 때문에 아이들의 생각이 잘못되었다고만 볼 수도 없다. 이제는 아이들에게조차도 우수한 성적은 이런 일련의 특혜를 당당하게 요구하는 도구가 되어버린 것이다. 마이클 샌델이 『돈으로 살 수 없는 것들』에서 밝힌 인간의 모든 행위를 시장원리로 해석하는 예라 할 수 있을 것이다.

우리 사회의 통념상 점수 향상은 곧 좋은 대학을 갈 수 있는 가능성을 높이는 것으로 해석된다. 그것을 위해 자신이 할 수 있는 모든 노력을 쏟아 붓는다. 열심히 공부하는 것 외에 장애물을 제거하려는 것도 포함된다. 가장 문제가 되는 자기 안의 '게으름'이나 '나태함'은 보기보다 강한 장애물이라는 것을 알고 있기에 계획을 세우고 목표를 정한다. 『좌절과 열공』 책에서는 인간은 예측 불가능한 상황에서 자기통제성을 발휘한다고 한다. 즉, 시험공부를 앞두고 책상정리를 한다든지, 불안한 미래를 대비해 끊임없이 자격증을 따면서 지금 무언가를 한다는 사실로 불안 요소를 제거하는 행동 등이다. '성공'에 대한 갈망에서 비롯된 행동들인 것이다.

다른 사람만큼 잘 살아야 한다는 마음, 남들보다 못할까 봐 두려운 마음이 우리에게는 있다. 특히 불확실한 미래를 마주한 십대들은 인생 선배인 부모나 선생님의 조언에 따라 '성공'의 지름길을 선택하고 싶어 하는데 그것은 다름 아닌 모두가 알고 있는 우수한 성적으로 좋은 대학에 가는 것이다. 그러기에 일류대학의 입학은 성공의 안전장치로 성공을 보장받는 것이라 여긴다. 이런 일반적인 사람들의 생각에 정면으로 맞선 사람이 있다. 바로 제임스 마커스 바크다. 그는 대학은커녕 열여섯 살에 학교를 그만두었는데 스무 살에 애플컴퓨터사의 최연소매니저로 기록되었다. '좋은 대학=성공'이라는 공식이 지금 세상에서는 통하지 않음을 자신의 사례를 통해 증명한 것이다.

그의 스토리를 접하며 머릿속에 계속 여운을 남긴 단어들은 '몰입, 샛길, 전략, 신념' 등이다. 그는 스스로 공부에 몰입하고, 샛길로 샌 상황에서도 공부하고 직장에서 존재감을 얻기 위해 전략을 세우고 대학 출신을 따라잡기 위해 모조리 배우겠다는 신념으로 임했다. 제임스 마커스 바크는 자신의 경험을 담은 『공부와 열정』에서 이렇게 말했다.

"진정한 전문가란 누구인가? 컴퓨터 공학석사 같은 꼬리표에는 전혀 관심이 없다. 성공은 현재 아는 지식이 아니라 어떤 사실을 발견하고 창조하는 능력에 달려 있다. 성공은 현재 어떤 존재인가가 아니라 계속 '변화하는' 과정에, 그리고 어떤 일을 '끌어내는' 능력에 있다."

결국 스스로 일깨우는 공부가 자신이 잘할 수 있는 분야에서 제대로 설 수 있게 하고 성공하도록 돕는다는 것이다. 그것을 자신이 보여주고 있으며 발전을 거듭하여 확실히 증명해 보이겠다고 했다. 이렇게 확고한 자기 의지는 상황과 환경을 탓하지 않고 보다 나은 길을 제시하며 앞으로 나아가게 한다. 그런데 우리의 학교 교육은 시대를 역행하고 있는 것 같다.

　요즘의 대학교육은 예전과 달리 취업률과 평가에 민감하고 기업처럼 성과를 내기 위해 많은 노력을 기울이고 있다. 높은 실업률이나 낮은 취업률, 경제성장의 둔화 등으로 현대사회의 필수불가결한 요구가 된 측면이 있으나 사회적 인간의 기본기를 형성하는 과정에서의 교육이 취업의 관문으로 전락한 것은 아쉬움이 크게 남는다.

　고등학교에서는 진학률, 대학에서는 취업률로 순위를 판가름하는 시대에 자신의 진로 방향과 진학에 대해 고민하는 학생들은 자기가 어디를 향하고 있는지를 스스로 고민해야 할 때다. 성적에 쫓기지 말고 이름난 대학의 신입생이 되겠다는 막연한 포부를 접고 자기만의 이상을 그려야 한다. 많은 사람이 선택하는 학교나 분야라 해도 자신의 적성에는 맞지 않을 수 있다. 누군가 리드하는 대로 생각 없이 따라가다 보면 사신의 길을 잃고 방황하며 시간을 보낼 수도 있다. 분명하게 말하지만 '○○대학교'라는 타이틀은 그 사람이 어떤 비전과 열정이 있는지를 보여주는 지표가 아님을 부모가 먼저 인식해야 한다.

　중국의 사상가인 맹자孟子는 "분명한 이해 없이 행동하고, 생각 없이 습관을 만들고, 어디로 가는지도 모른 채 모두가 가는 맹목적으로 따라가는 것은 군중이 하는 행동이다."라고 했다. 성공한 삶의 처음과 끝은 모두 '자신'에게 달려 있다. 아무리 좋은 신발인들 자기 발에 맞지 않으면 뒤꿈치가 까지고 발에 물집이 잡힌다. 그렇기에 우리의 인생도 자신에게 맞는 신발을 신고 달리는 것이 중요하다.
'성공'에 대한 생각과 개념은 '행복'에 대해 개인이 가지고 있는 다양한 생각만큼이나 다르다. 학생들에게 '성공'이라고 하면 자신이 처해 있는 현실에서 내가 원하는 것-시험에서 좋은 성적을 얻거나 원하는 대학에 입학하는 것, 더 멀리 본다면 좋은 직장을 가지는 것-을 얻는 것이라고 말한다. 하지만 이는 절반의 성공도 안 된다. 물론 사람들에게 인정받을 수는 있겠지만, 그것이 자신의 행복과 직결된다고는 할 수 없다.

행복과 만족감을 측정할 수 있는 객관적 잣대는 그 어디에도 없다. 지극히 개인의 영역이며 자기의 마음에 달려 있다. 자신이 원하는 것에 도전하고 즐거움을 찾는다면 명문대 졸업 이상의 기회가 온다는 확신이, 자신은 잘 될 것이라는 믿음이 우리의 아이들을 키운다. 그것은 부모의 신뢰의 토양에서 자랄 수 있는 것이다. 그러므로 우리 아이들에게 응원의 말 한마디, 등을 다독여주는 손길에 주저하지 마라.

15

도전하지 않으면
실패하는 일도 없잖아요

저녁식사에 온 가족이 오랜만에 함께했다. 무슨 일인지 잡채에 갈비에 진수성찬이다.

"엄마, 오늘 무슨 날이야?" 수찬이는 의아했지만 맛있는 음식들을 보니 기분이 좋아져서 허겁지겁 먹어댔다.

"엄마가 오늘 강연회에 다녀왔잖니. 강사님이 어찌나 멋지고 말씀을 잘하시든지, 더군다나 S대에 유학까지 하셨대. 에너지를 받고 오니까 기분이 좋네."

"무슨 강연인진 몰라도 덕분에 우리 엄마 기분도 좋아지고 맛있는 것도 먹고 난 좋네!"

"그래, 우리 아들도 많이 먹고 열심히 공부해서 훌륭한 사람 돼야지."

"왜 이래, 밥이 입으로 들어가는지, 코로 들어가는지 모르겠잖아."

"말이 그렇다는 거지, 그래도 공부 잘해서 성공하고 사람들 앞에서 멋지게 강연하는 모습 보니 부럽더라. 우리 아들도 잘생기고 멋진데 공부만 조금 더 잘하면 진짜 좋을 텐데⋯."

"아, 엄마 갑자기 왜 이래. 에이~ 뭐 나도 잘할 수 있어. 내가 꼭 성공할 테니까 걱정 마!"

수찬이는 큰소리는 쳤지만 궁금했다. 성공한 사람들이 다 공부를 잘한 건 아닐 텐데 매스컴에서 접하는 훌륭한 사람들은 하나같이 명문대 출신에 학창시절에 수재라고 한 사람들이 많다. '성공하기 위해서는 공부를 열심히 해야 하나 보다.'라고 생각하며 밥을 꾸역꾸역 먹었다.

뉴욕대 출신의 『한 권으로 끝내는 취업특강』과 서울대 의대 수석출신 의사가 쓴 『혼자 공부법』 책에서는 자신이 '어떻게 성공했느냐'가 아닌 '어떻게 실패했느냐'에 대한 메시지를 담고 있다. 화려해 보이는 저자 스펙 이면에 각자가 경험한 실패와 극복의 과정을 접하니 자신을 돌아보고 성공에 이른 그들이 더 대단해 보인다. 요즘에는 연예인마저도 화려한 학벌을 겸비한 경우가 많아 무엇이든 잘해야 한다는 생각을 자연스럽게 가지게 된다.

일류대학을 나온 이들의 앞에는 대학 이름이 명시되고 그 대학의 서열이 보여주는 순위만큼 그들이 똑똑하고 잘난 사람으로 인식하게 만든다. 사실 그런 이들이 달리 보이는 것도 사실이다. 어쩔 수 없는 사회 분위기 탓도 있겠지만 누구나 선망하는, 선망했던 대학이기에 그러지 않을까 싶다. 그래서 매스컴을 통해 접하는 유명인의 삶, 수찬이 어머니처럼 성공자의 강연을 듣고 나면 우리 아이도 그들처럼 좋은 대학을 나와서 사람들 앞에서 당당하게 나섰으면 하는 바람도 갖게 된다. 좋은 대학에 진학하는 것만이 성공을 보장해주는 것인 양 생각하고 공부를 학창시절의 것으로 제한시킨다. 특히 고등학교 시절에는 자유를 박탈시키고 오로지 책상 앞에 붙어만 있기를, 손에는 책만 들려 있기를, 머리에는 공부 생각만 하기를 강요하는 것이다. 하지만 우리가 꼭 알아야 할 것은 성공한 사람들에게 공부는 공통적으로 완료형이 아닌 현재진행형이라는 사실이다. 즉, 성공한 인생에는 매 순간 공부를 통해 자신을 극복하는 과정이 있다.

『연필 하나로 가슴 뛰는 세계를 만나다』 책에서 서른 살 청년 애덤브라운의 성공한 인생을 접했다. 그를 성공했다고 표현한 것은 그가 자신의 경험을 통해 '누구든 세상을 바꿀 수 있다'는 메시지를 선하고 있고, 세계 교육 분야의 전문가로서 현 시대에 필요로 하는 사람이라는 평가를 받고 있기 때문이다.

그는 어렸을 때부터 아우슈비츠에 끌려갔던 할머니를 비롯하여 주변인으로부터 끊임없이 역경 극복에 대한 이야기를 전해 들었다. 문제 상황을 올바로 인식하는 법과 미래 행로를 바꾸는 데 필요한 자질에 대해 고민하였고 자신의 생각을 실행에 옮기며 성공할 수 있었다.

현대 사회에서 성공했다는 평가를 받는 대표적인 인물 '워렌 에드워드 버핏Warren Edward Buffet'은 투자의 신이다. 그가 성공의 비결이라고 말한 것은 다름 아닌 매일 '신문읽기'와 '독서'였다. 독서도 읽는 것으로 끝나는 것이 아니라 독서 후에는 반드시 내용정리를 했다고 하니 평생공부의 실천가라고 불러도 손색이 없다.

또한 『전쟁과 평화』, 『안나 카레니나』 등으로 유명한 톨스토이도 평생공부를 실천했다. 그는 19세부터 82세까지 일기쓰기로 유명한 인물이다. 매일 일기로 자신을 만나고 자신을 탐색하고 자신의 고민에 대해 깊이 생각했다. 자신을 깨달음으로써 타인의 마음을 들여다볼 수 있었고, 그들의 갈등이나 욕망을 그려낼 수 있었다. 이것이 그가 남긴 작품이 세월이 지나도 사랑받을 수 있었던 이유이며 변하지 않는 가치로 평가받을 수 있었던 점이다.

공부는 자기 자신이 결정하는 것이다. 여기에서의 공부는 학교에서 교사가 가르쳐주는 그 이상의 의미이다. '학교공부도 힘든데 그 이상이라고?' 하며 의문을 제기하고 싶은 사람도 있겠지만 관계를 통해서 배우는 것도 공부이고 고민하는 자기 모습을 발견하는 것도 공부다. 자신의 시야와 생각에 따라 공부의 범위가 정해지고 깊이가 더해지는 것이다.

워렌 버핏과 톨스토이는 절대 '성공'을 목적으로 공부하지 않았다. 먼저 자신이 잘할 수 있는 일을 찾고 그것을 더 잘해 내기 위해 공부했다. 워렌 버핏은 투자를 위해 정치, 경제, 사회의 전반적인 이해와 분석이 필요했다. 신문과 책은 그것을 알아가기에 가장 탁월한 교재라고 여겼다. 톨스토이의 일기 또한 마찬가지다. 그가 일기를 통해 글의 소재나 심리의 변화를 발견할 수 있었기에 시대를 초월하는 작품을 남길 수 있었다. 성공을 위한 강행이 아니라 자신이 좋아하는 일, 할 수 있는 일을 잘 하기 위해 방법을 찾고 그것을 즐기다 보니 성공할 수 있었던 것이다.

"어떤 것도 시도하지 않으면 아무 일도 일어나지 않는다."

성공에 앞서 청소년들도 뭔가를 시도해야 한다는 것쯤은 알고 있다. 많은 사람이 막연하게 성공을 꿈꾸지만 모든 사람이 성공하지 못하는 이유는 대부분 생각에만 머물러 있기 때문이라는 사실도 잘 안다. 그러기에 사람들이 말하는 '성공한 사람', 다른 사람으로부터 인정받는 '주인공'이라는 인정을 받기 위해 자신의 욕구를 자제하고 공부에 매진하는 것이다. 부모의 눈에 그렇게 안 보인다고 할지라도 그들은 나름대로 자기 삶의 주인공 혹은 주인의 역할을 나름대로 소화하고 있는 것이다.

이제 아이들을 바라보는 못마땅한 시선을 거두자. 당장 눈앞에 펼쳐진 못 미더운 행동을 질책하지 말고 그들이 얼마나 학업과 성적에 겁먹고 있는지 알아주자. 부모도 하나하나 차근차근 자녀를 알아가는 지혜가 필요하다. 자녀는 당신이 타고 있는 경주마가 아니다. 채찍을 가하고 눈을 가린다고 앞만 보고 내달리지 않는다. 또 그래서는 절대 안 된다.

대신 자신이 왜 뛰는지, 무엇을 향해 달리는지 반문하고, 뛰는 즐거움을 찾고 달리는 이유를 알면 과정이 즐겁고 놀라운 성과가 뒤따르도록 당근을 놓아줄 때다. 우리 자녀들이 어려움을 극복하고 헤쳐 나가며 그 순간들이 모여서 단단한 자신이 된다는 것을 잊지 않기를 바란다.

자신을 드러내는 모든 것이 '자기'를 나타낸다는 점을 알 수 있도록
가꿔야 한다. 말투나 표정까지. 부모는 아이들과 TV를 보며 화면 속에
등장하는 인물을 아무 생각 없이 외모로 평가하는 모습을 보여서는 안 된다.
무심코 던지는 말이지만 아이들은 그 말에서
부모가 생각하는 기준 혹은 평가항목을 보게 된다.

외모 콤플렉스

나를
가꾸고 싶어요

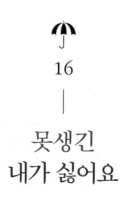

16

못생긴
내가 싫어요

현아는 어지간해서는 입을 떼지 않는다. 수업 시간, 쉬는 시간 할 것 없이 최대한 남들 눈에 튀지 않으려고 애쓴다. 이런 현아를 두고 친구들은 '소심하다, 말수가 적다'며 쉽게 단정 짓는다. 다른 사람의 주목을 받는 것도 싫지만 자신을 겪어보지도 않고 마음대로 평가해버리는 주위 사람들의 태도도 마음에 들지 않는 현아. 현아는 왜 이처럼 주목받는 것을 싫어할까?

초등학교 때 현아의 별명은 '주걱'이었다. 하필 현아의 성姓이 주周씨이고 부정교합이 심해 아래턱이 도드라진 탓에 붙여진 별명이다. 시간이 가면서 치아 사이의 간격은 날이 갈수록 벌어지고 턱은 한없이 튀어나오는 것 같아 점점 자신감을 잃은 현아는 친구들과도 어울리기를 꺼려하게 되었다. 하지만 영어시간은 참 좋아한다. 장래희망이 영어교사이기도 하고 영어를 잘하면 왠지 멋있어 보여서 영어공부를 하는 것이 즐겁다. 그런데 영어선생님이 "본문 한 번 읽어 볼 사람?"이라고 묻기라도 할라 치면 책상에 머리를 박고 영어선생님과 눈을 맞추지 않으려고 무진 애를 쓴다. 아무리 연습해도 나아지지 않는 치아 사이로 새는 발음과 본문을 읽을 때 도드라지게 눈에 띄는 턱 때문이다. 어떻게 하면 이런 현아가 자신감을 되찾을 수 있을까?

외모에 관심이 많은 십대들이라 아무리 예쁘다는 평가를 받아도 스스로는 자신의 외모가 마음에 안 든다고 불평하는 친구들이 많다. 현아처럼 눈에 띄는 단점을 가졌다고 생각하는 친구들은 더더구나 자신감이 없고 남 앞에 서기를 꺼려한다. 그런 모습을 보면 교사로서 그들이 인생을 잘 살아갈 수 있을지 걱정이 되지 않을 수 없다.

오랫동안 자신의 외모 때문에 고통을 받아 온 아이들은 상담시간에도 쉽게 자신의 생각을 표현하지 않는다. 마음을 여는 데까지 한참이 걸린다. 어떨 때는 끝내 마음을 열지 못하고 대화가 끝날 때도 있다. 이렇게 입을 꾹 다물고 있는 아이들 중에는 심적으로 더 여린 친구들이 많고 수줍고 내성적인 걸 표현과 다르게 누군가가 먼저 다가와 말을 걸어주기를 간절히 바란다는 것을 느낄 수 있었다.

아이들의 이런 고민 상담에 "잘 생각해 보면 너만의 장점이 있을 거야, 네가 생각하는 단점이 다른 사람에게는 전혀 문제가 되지 않아." 등과 같은 식상한 위로는 조심해야 한다.

에디슨은 보청기를 착용해야 할 정도로 청력이 매우 약했던 것으로 알려져 있다. 소년시절 물건을 잘못 팔아 관리인에서 심하게 따귀를 맞아서였다. 어느 날, 나폴레온 힐이 에디슨에게 잘 듣지 못해서 불편하지 않느냐고 물었다.

"전혀 불편하지 않습니다. 오히려 쓸데없는 수다를 안 들어도 되고 덕분에 마음의 소리를 들을 수 있게 되었습니다."

에디슨의 발명에 대한 열정은 누구나 다 아는 사실이다. 실패를 거듭하면서도 "실패는 성공의 어머니다"라는 명언을 남긴 것을 보면 인류에 기여한 위인의 면모를 엿볼 수 있다. 그런 그를 청력이 약해 보청기에 의지해야만 하는 불쌍한 사람으로 기억하는 사람은 없다.

나를 펑펑 울게 만든 키토 아야의 『1리터의 눈물』도 시사하는 바가 크다. 이 이야기는 영화, 드라마로도 제작되어 많은 사람에게 알려진 주인공 '아야'의 실제 이야기다.

키토 아야는 사춘기 여중생 때부터 시작하여 약 10년간 희소병인 척수소뇌변성증을 앓는다. 아야의 꿈은 다른 친구들처럼 고등학교에 진학하여 평범하게 사는 것이다. 하지만 날이 갈수록 마비되는 신경에 양호학교로 옮겨가고 끝없는 투병생활을 하게 된다. 끝내 25세의 나이로 세상을 떠나게 된 아야는 자신의 투병기를 40여 권의 일기에 고스란히 남겼다. 마지막 페이지를 읽고 책을 덮을 때까지 마음이 얼얼해질 정도로 눈물이 났었다. 신은 왜 이렇게 살아남으려고 애쓰는 아야에게 무서운 병마를 준 건지, 누구보다 밝은 소녀가 왜 이런 고통을 받아야 하는지 마음이 아팠었다. 한동안 '아야앓이'를 했다. 그리고 내게 주어진 것을 까마득히 잊고 내가 가지지 못한 것에만 집중하던 그 시절에 내가 숨 쉬고 있다는 것이 얼마나 감사하고 소중한지 생각하고, 또 생각했다.

아이들은 타고난 외모와 환경의 차이를 보며 세상은 불공평한 것이라고 느낀다. 예쁘고 밉다, 잘생기고 못생겼다, 키가 크고 작다, 뚱뚱하고 날씬하다 등의 외모에 대한 평가기준은 아이들의 생활에 큰 작용을 하는 것 또한 사실이다. 그것으로 인해 자신이 싫어하는 별명이 생기고 첫인상을 좌우하며 선입견을 갖게 하기 때문이다. 그 결과 외모에 대한 고민은 첩첩산중이 되고 여학생의 경우 거울에 코를 박고 사는 친구도 있는 것이다. 아이들에게 미의 사회적 기준처럼 똑같은 잣대를 들이댄다면 불평등한 세상에 신세 한탄을 하는 것이 당연할 수도 있다. 그렇지만 시험성적처럼 일렬로 세울 수 없는 것이 삶의 가치다. 출발점이 다르다고, 좀 늦게 시작했다고, 자신이 가진 것이 좀 적다고 불평만 한다면 주어진 삶이 얼마나 괴로울까?

우리가 접하는 위인의 삶이나 인류에 감동을 주는 인물들이 고난과 시련을 딛고 성장했다는 것은 잘 아는 사실이다. 고된 삶과 역경을 극복한 인물이야말로 일반적으로 존경할 만한 위인이고 사람들에게 인격적 감화를 준다. 그들의 공통점은 반복되는 시련에도 쉽게 굴하지 않고 오히려 의지를 불태우며 끝끝내 자신을 이기는 모습을 보여준다. 이런 사실을 외모에만 집중하는 아이들이 또 하나의 진리로 받아들였으면 한다.

현아처럼 심각한 외모콤플렉스로 인해 자존감이 낮은 친구들이 많다. 또한 성형수술만 하면 탈바꿈된 외모로 다른 삶을 살 수 있을 것이라는 막연한 기대를 하는 친구들도 있다. 성형수술이나 인공적인 시술로 좀 더 나은 외모를 가질 수는 있겠지만 낮았던 자존감을 회복하는 데에는 꽤 오랜 시간이 필요하다. 외모를 성형한들 마음도 덩달아 성형되는 것은 아니기에 일정 시간이 지나면 또 다른 부분에 욕심이 생기고 이를 또 채우고 싶은 욕망이 반복된다. 실제로 머리 염색에서 시작해 눈, 코를 연이어 하나씩 성형수술을 한 경우도 있다. 예뻐지고 싶다는 욕구를 의학의 힘을 빌려 누구나 인정하는 미의 기준으로 만드는 것 아닌가. 정말 이 방법 밖에는 없는지 어른의 입장에서 고민해 봐야 한다. 물론 성형을 원하는 자녀에게 부모 또한 설득도 하고 심각하게 고민도 했을 것이다. 어쩌면 막무가내의 요구였을 수도 있겠다. 자식 이기는 부모 없다는 속담도 있으니 부모 능력의 범위 안에서 선택한 것이라고 생각한다. 보다 개성을 존중하고 자존감을 키워주지 못한 사회적 분위기나 교육의 문제일 수도 있다.

나는 교사가 꿈인 현아에게 외모로 힘들었던 시절이 훌륭한 자산이 될 것이라고 말해주었다. 교사가 되기 위해서 어떤 자질이 필요할까? 학생들을 이해하는 마음이 아닐까? 학창시절 모범생이었던 교사도 필요하지만 학생들의 고민을 마음속 깊이 이해하는 선생님도 꼭 필요하다. 현아는 자신이 아픔을 겪어봤기 때문에 누구보다 학생들을 잘 보듬어주는 교사가 될 수 있을 것이다.

예전에 함께 근무했던 선생님 한 분이 생각난다. 항상 잘 웃었던 그 선생님은 사회에서 인정하는 미의 기준으로 보았을 때 전혀 미인이 아니었다. 키도 작고 통통한 편이며, 작은 눈에 돌출된 입을 가지고 있었다. 그런데 그 선생님은 어느 누구에게서나 예쁘다는 인정을 받고 좋아하고 따르는 사람이 많았다. 미모가 예쁜 게 아니라 웃어서 예쁜 사람이었다. 언제나 만나는 사람들에게 친절하게 먼저 아침인사를 건넸고 따뜻한 마음을 가지고 대화했다. 현아에게 그 선생님 얘기를 들려줬더니 자기도 아는 분 중에 그런 분이 계시다며 한참을 생각하더니 고개를 끄덕거렸다.

주변 사람을 통한 예시에 현아의 고민은 반쯤 해결된 것 같았다. 현아도 자신의 외모에 대해 반감을 가지는 것보다, 자신만의 매력을 찾아보겠다고 했다. 외모로 인정받는 것보다 더 당차게 살아갈 수 있는 방법을 알게 된 것이다. 이후로 줄어들었던 말수도 늘고 굳건히 닫혔던 문도 활짝 열어 당당함을 보였다. 턱이 좀 나와도 치아가 약해도 그것 자체가 그 사람을 온전히 평가하는 기준은 아니다. 자신이 아름답다고 느끼는 것을 외모에 두지 말고 그 사람에게서 풍기는 이미지에 아름다움이 있다는 관점으로 가치를 바꾼다면 사람이 달리 보일 수 있다. 자기의 영역에 자부심을 가지고 프로정신으로 임하는 사람이 예쁜 사람보다 훨씬 멋지다는 사실에 현아는 확신을 갖게 됐다.

외모로 고민하며 자신을 부정하는 십대들에게 제일 필요한 것은 '자신을 사랑하기'다. 남들보다 예뻐 보이지 않는 자신의 외모에 불만을 갖기보다 매일 거울을 보며 예쁘다고 자신을 격려해주는 것이 좋다. 타인의 인정도 중요하지만 내가 나를 인정하고 격려하는 것이 앞으로의 삶에서 더 필수요소이기 때문이다.

"너는 이 세상에 유일한 존재야!"

"나는 너를 무척이나 사랑한다, 너의 인생을 멋지게 펼쳐 나가!"

"넌 당당함이 참 멋져!"

17

외모에 신경 쓰는 것
당연한 것 아닌가요?

3월이면 도영이가 치러야 하는 통과의례가 있다. 수업에 들어오시는 선생님마다 도영이를 보며 한마디씩 하시기 때문이다.

"학기 초부터 머리 봐라. 방학 때 파마한 건 풀고 와야지."

친구들의 키득키득 웃음소리가 뒤통수에 꽂힌다. 이미 한두 번 겪은 일이 아니다. 쉬는 시간에 선생님을 찾아가 "저, 선생님 제가 원래 머리가 이래요."라는 말에 그 선생님은 난감하다는 듯이 급하게 사과하셨다. 도영이는 매번 이렇게 해명해야 하는 자신의 곱슬머리가 너무 싫다.

자신의 외모에 만족하는 사람이 있을까? 누구는 키가 작아서, 머리숱이 적어서, 뚱뚱해서, 여드름이 많이 나서, 못생겨서⋯ 그 이유는 다 헤아릴 수 없을 만큼 다양하다.

고등학교 때 내 친구 은정이도 도영이처럼 심한 곱슬머리 때문에 말로 다 하지 못할 정도의 스트레스에 시달렸었다. 아침마다 고데기로 빡빡 펴는 것도 한계가 있다며 자신의 트레이드마크처럼 따라다니는 곱슬머리가 너무 싫다고 매일 같이 하소연했다. 나는 도영이와 달리 직모라서 어릴 때부터 펌이 잘 안 되는 모발이었다. 나의 모발이 곱슬머리 친구들의 부러움을 살 거라고는 생각지도 못했다.

"지혜 너는 죽었다 깨어나도 내 마음을 모를 거야, 너는 곱슬머리가 아니라는 것만으로도 충분히 부러움을 받는다고!"

내 눈에는 하얀 피부에 큰 키를 가진 은정이의 외모가 너무 부러웠고 곱슬머리는 그렇게 눈에 띄지도 않았는데 은정이가 곱슬머리에 너무 집중해서 힘들어하는 모습이 안타까웠다. 솔직히 나는 은정이의 고민을 100% 다 이해하지 못했지만 친한 친구의 하소연은 잘 들어주었다.

외모에 대한 콤플렉스는 여자들만의 문제는 아니다. 남자들도 자신의 외모에 대해 불만을 갖고 있으며 감추고 커버하기 위해 애를 쓴다. 대학 시절 같은 과 동기였던 수환이도 마찬가지였는데 서글서글한 성격으로 주변에 사람이 많았지만 자신의 곱슬머리에 대한 콤플렉스를 극복하지 못하고 누가 머리에 대해 말만 꺼내도 화를 냈다. 같은 일이 반복되다 보니 수환이 앞에서 곱슬머리를 언급하는 것은 절대 해서는 안 되는 금기사항이었다.

학교에서 아이들은 열이면 열 모두 자신의 외모에 대한 불만을 이야기한다. 어느 누구 하나 자신의 외모에 대해 자신감을 보인 적이 없다.

방학이 되면 쌍꺼풀 수술을 하겠다, 코를 높이겠다는 친구들이 있는 것도 이제는 평범한 현상처럼 보인다. 자기 맘에 들지 않는 외모가 자신의 결점이라고 생각하는 데서 오는 욕구일 것이다.

대중문화가 십대 아이들의 삶에 결정적 요소로 작용하면서 매스컴을 통해 접한 유명인들의 외모가 일반인들에게도 미의 기준이 되어버렸다. 실제로 성형외과에 상담을 하러 오는 사람들의 대부분이 ○○○처럼 수술해 달라며 연예인의 이름을 댄다. 강남미인이라는 말이 생겨날 정도로 미의 기준이 획일화되고 개성보다는 보편적인 미를 추구하는 것이 우려스러운 일이 아닐 수 없다. 유명 연예인들은 자신의 외모를 더 아름답게, 젊게 가꾸기 위해 성형시술에 많은 투자를 하고 더 멋진 외모를 가꾸는 데에 시간과 노력을 쏟는다. 물론 그들은 외모가 곧 상품성과 연결되기 때문이라고 이해는 하지만 화면에 비춰지는 그들의 모습이 자연스러워 보이지 않는 건 사실이다.

외모에 대한 불만족으로 나타나는 현상을 보면서 심리학자 아들러의 '열등 콤플렉스inferiority complex'라는 단어가 떠오른다. 자기를 주눅 들게 하는 부분만 채우면 인정받을 수 있다는 착각이 바로 그것이다. 반면 아들러는 스스로 부족함을 느끼면서 우리는 비로소 인간이 된다고 강조했는데 키가 작아 왜소했던 나폴레옹이 무시받지 않기 위해 노력한 결과 영웅이 된 사례에서 열등감이 우리를 성장하게 하는 요소가 될 수도 있음을 확인할 수 있다.

누구나 장단점이 있고 자신이 가진 것에 대해 부족함을 느끼는 것이 인간이다. 남들의 반응에 민감한 십대 아이들에게는 그 부족함이 더 크게 다가온다. 그런데 그들이 콤플렉스라고 여기는 요소가 눈에 보이는 것에만 치중되어 있는 경우가 많다. 중요한 것은 내면의 열등감을 자신감으로 바꾸려 하는 '의지'다. 외적인 부분을 아름답게 꾸미고 가꾸더라도 마음의 열등감을 치유하지 못한다면 진짜 자신감을 얻을 수 없다. 열등감을 느끼게 하는 요소가 오히려 자신을 멋지게 키워내는 동력이 될 수 있다는 점, 그로 인해 자신이 빛날 수 있다는 원리를 알려주면 좋겠다. 자신의 아름다움은 그 어느 것으로도 대체할 수 없고 자기만이 소유한 매력임을 깨닫게 된다면 자기 삶을 가꾸는 에너지로 승화시킬 수 있을 것이다.

18

잘난 것도 없는 친구인데
외모로 인정받는 게 화나요

성진이는 신체검사 날이 되면 학교에 안 가고 싶어진다. 결코 밝히고 싶지 않은 키가 선생님의 입을 통해 적나라하게 반 아이들에게 공포되기 때문이다. 아니나 다를까. 오늘도 "163, 내려가." 아, 진짜 조금만 더 작게 말씀하시지. 선생님의 큰 목소리가 원망스럽다.

고2인 성진이는 남자답지 못한 자신의 외모가 불만이다. 특히, 유난히 눈에 띄는 작은 키 때문에 걱정이 많다. 친구들처럼 방학이 지나면 10센티미터씩 훌쩍 자란 모습을 상상하지만 언제나 제자리인 자신의 키가 이제는 현실로 받아들여야 할 것 같다. 그런데 상대적으로 하루가 다르게 키가 크고 있는 친구들 앞에 서면 마음까지 졸아 드는 기분이다.

그래도 상담 때 "저는 보시다시피 작은 키가 제일 고민이죠."라며 시원하게 인정하는 성진이의 모습은 인상적이었다. 친구들과 격의 없이 잘 지내고 운동도 공부도 적극적이고 자신의 소신도 분명한 친구다. "신체검사만 없으면 저는 언제나 꿀리지 않을 자신이 있어요. 신체검사 때 키 재는 것만 없으면요. 하하. 어차피 딱 보면 아는 건데 왜 꼭 수치로 기록하는지 모르겠어요."라고 말하는 성진이는 친구들에게서 느끼는 열등감을 굳이 감추려고 하지 않아서 오히려 당당해 보인다. 이런 성진이의 모습을 친구들은 좋아한다. 진짜 친구가 되는 데 있어서 키가 크거나 작은 것은 전혀 문제가 될 것이 없기 때문이다.

　만약 우리 아이들이 의식주 걱정 없는 무인도에 떨어진다면, 이 세상에 자기 혼자만 존재한다면 고민 없이 살아갈 수 있을까? 로빈슨 크루소처럼 나름대로 규칙을 만들어 스스로 인간답게 살 수도 있고 주어진 환경을 받아들이며 야만의 상태를 즐기며 살 수도 있을 것이다. 혼자 살아가야 하는 상황에서는 작은 키도, 비대한 체격도, 곱슬머리도, 다이어트도 의미가 없다. 하지만 아무리 먹을 것이 풍부하고 두 발 뻗고 누울 집이 있다 해도 재미는 없을 것이다. 희노애락이라는 풍부한 감정을 가진 인간인데 언제 어떻게 그 다양한 감정들을 분출할 것이며 맛있는 음식을 먹어도 함께 할 사람이 없으면 무슨 맛으로 살아갈 수 있을까?

　더불어 사는 기쁨쯤은 모두가 안다. 인간은 혼자서 살아갈 수 없는 존재임을 깨닫고 자기감정을 함께 나눌 친구가 필요해 다양한 사람들 틈에서 의식적이든 무의식적이든 이 세상에 길들여지기 위해서 노력하는 것이다. 함께 한다는 것은 기쁨을 함께 나누고 위로와 힘을 얻으며 의지가 되기도 하고, 반면 갈등 유발의 존재가 되기도 하지만 이 역시 서로 다름을 인정하고 존중하는 계기로 삼는다. 그래서 주변인의 말 한마디, 행동 하나에도 귀를 기울이고 예의주시하며 민감하게 반응하는 것이다.

민수는 농구하기를 좋아한다. 중학교 때도 "농구라면 민수지!"라고 할 만큼 학교에서 농구실력을 인정받았다. 지난겨울, 민수는 친구들과 농구시합에 나갔다. 인근 학교에서도 많이 참여해서 응원하러 온 사람만 해도 그 수가 대단했다. 이번에 민수 팀은 안타깝게도 준우승을 했지만 처음 출전치고는 아주 잘했다며 여기저기서 칭찬을 많이 받았다.

그런데 민수는 기분이 썩 좋지 않았다. 평소 자기보다 농구 실력이 못한 재훈이가 농구시합 이후로 학교에서 인기스타가 되었기 때문이다. 득점도 민수가 높았고 어시스트도 민수의 활약이 돋보였는데 자신은 정작 묻히고 꽃미남이라고 불리는 재훈이가 그 명성을 다 가지고 간 것 같아서 화가 난 것이다. 그래서 그때부터 이를 악물고 다이어트를 하고 있다.

아이들은 친구가 없으면 안 된다고 하면서도 또 친구로 인해 받는 스트레스, 열등감으로 괴로워한다. 이러한 열등감은 쉽게 극복할 수 없고 도무지 무너뜨릴 수 없는 철옹성처럼 보인다. 아예 곪을 대로 곪아서 애초에 생각지도 못한 결론에 이르기도 한다. 하지만 그런 스트레스와 열등감은 자신을 더 연마하고 한계를 극복하는 계기가 될 수도 있다.

친구들을 대할 때 오롯이 자신의 기분과 감정만을 기준으로 행동하고 말하는 이는 드물다. 상대방의 태도와 표현에 따라 자기의 기분과 감정을 달리하며 특히, 친구 관계는 민감하기 때문에 상호작용에 매우 예민하게 반응한다. 그 전까지는 부모님이 권하는 옷, 신발 등을 맘에 들어했는데 어느 순간 친구들 사이에서 핫hot한 아이템을 찾는 데에 혈안이 되는 모습을 보인다. 마치 그 아이템을 손에 넣지 못하면 친구들 사이에서 도태되는 것 마냥 부모를 조르고 그 유행에 편승하려 든다. 왜 그토록 친구에게 집착하고 끊임없이 비교하게 되는 것일까. 심리학자들은 청소년기의 특징에 대해서 '상상의 관중'이라는 표현을 쓴다. 자기 주변의 모든 이들이 항상 자기에게 관심을 가지고 있다고 믿는 것이다. 그래서 집 앞 마트에 갈 때도 친구를 만나러 가는 것처럼 신경을 쓰고 나간다.

어른이든 아이들이든 외모는 자신을 드러낼 수 있는 가장 원초적인 부분이다. 사람을 대할 때 첫인상이 주는 외모의 선입견에 따라 상대의 행동이 달라지기도 한다. 하지만 중요한 것은 단순히 예쁘고 미운 외모가 아니라 전체적 분위기다. 예쁜데 까칠하고 상대를 무시하는 말투라면 결코 아름다워 보이지 않는다. 반면에 상대를 배려하며 마음을 편안하게 해주는 사람에게는 끌린다. 화장품 모델이나 외모를 자신의 상품으로 내거는 직업이 아니라면 외모에 있어서는 상대평가가 절대로 적용되지 않아야 한다.

자신을 드러내는 모든 것이 '자기'를 나타낸다는 점을 알 수 있도록 가꿔야 한다. 말투나 표정까지. 부모는 아이들과 TV를 보며 화면 속에 등장하는 인물을 아무 생각 없이 외모로 평가하는 모습을 보여서는 안 된다. 무심코 던지는 말이지만 아이들은 그 말에서 부모가 생각하는 기준 혹은 평가항목을 보게 된다. 자신에게 부족한 면이 보인다면 그 부분에 대한 불만을 키워나갈 수도 있다.

이제는 우리 어른들부터 외향에 집중되었던 시선을 돌려야 한다. 이제껏 못생기고 못난 부분을 집중해서 관찰했다면 이제는 그나마 잘생겼다고 생각하는 부분, 남들이 알아주었으면 하는 부분을 부각시켜 칭찬해주자. 웃음이 멋지다고 생각한다면 언제나 얼굴에 미소를 띠는 식으로 자기 장점을 표현하고 자신이 해결할 수 없는 작은 키에 신경 쓰지 말고 당당한 걸음걸이를 보여줄 수 있도록 자녀의 좋은 점을 높이 평가하는 것이다.

전화위복이라는 말이 있다. 어려움, 고민이 없는 사람은 성장의 기회도 없다고 생각한다. 사람은 자신의 부족한 부분을 통해서 성장의 동력을 얻는다. 자녀에게 열등감이 있다면 그 다음은 극복의 단계, 바로 '성장'임을 알도록 유도해야 한다. 실패 없는 성공이 없듯 열등감 없는 완벽한 인간도 없다.

19
—

옷은
나를 폼나게 해줘요

교복의 역사를 보면 20세기를 거쳐 오면서 획일화된 교복을 없애고 자유와 개성을 존중한다는 취지로 복장 자율화를 실시하기도 했다. 하지만 가계부담 증가와 교외생활 지도의 어려움, 탈선 방지 등을 이유로 다시 시행되었다. 교복이 표현의 자유를 인정하지 않는다든가, 학생들을 획일적으로 만든다는 의견도 있지만 교복을 착용함으로써 느끼는 소속감, 경제적인 효과를 무시할 수 없다.

모자가 달린 티셔츠 일명 후드티를 교복으로 정한 학교도 있다. 학생들이 교복치마에 가디건을 걸치거나 후드티 등으로 자신의 개성을 나타내기도 하는데 후드티를 교복으로 정한 학교의 사례를 접하며 학생들의 니즈를 잘 파악했구나 싶었다.

개인적으로 교복 입는 것을 반대하지는 않는다. 만약 교사가 아니었다면 꼭 교복이 아니어도 된다고 생각했을지도 모르겠다. 하지만 학교에서 만나는 학생들은 너무 다양하고 하나같이 개성이 넘친다. 얌전해 보인다고 말수가 적다고 개성이 없는 것이 아니다. 다들 자기만의 세계를 표현하고 싶어 한다. 그래서 교복이 자율화된다면 학생들이 자기를 표출하기 위해 열과 성의를 옷 입는 것에 집중할까 봐 염려가 되기도 한다. 교복이 모두 똑같아 보이지만 어떤 마음가짐으로 입느냐에 따라 그 사람의 개성이 드러난다. 어떤 학생은 항상 구겨진 상태로 입는가 하면 어떤 학생은 매일 같이 정갈하게 정돈된 교복을 입는다.

고1 지은이는 병적일 정도로 옷에 신경을 쓴다. 똑같은 교복도 자신의 체형에 꼭 맞게 줄여 입고 헤어스타일과 양말, 신발, 가방까지도 깔 맞춤으로 항상 완벽히 세팅된 상태로 등교한다. 한 번도 흐트러진 적이 없는 모습에 '아, 지은이는 원래 저렇게 자기관리를 철저하게 하는구나.'라는 생각이 들었다. 친구들 사이에서도 옷 잘 입는 애, 예쁜 애로 인식되었다.

그런데 어느 날 "우리 지은이가 좀 편하게 학교생활을 했으면 좋겠어요."라며 지은이 어머니가 상담신청을 해왔다. 어머니의 말에 의하면 지은이는 매일 아침 6시에 일어나서 7시 30분까지 제 방에서 꼼짝 않고 그렇게 치장을 하느라 아침밥을 못 먹는다고 했다. 주말이면 매일 다른 스타일의 옷을 사느라 정신이 없으며 외출하기 한두 시간 전부터 이 옷 저 옷을 입어보느라 다른 일을 못한다는 것이다. 친구들이 계속 이쁘다, 부럽다 하니까 지은이를 말릴 방법이 없다고 했다.

지은이를 보며 예전 생각이 저절로 났다. 내가 중·고등학교 시절엔 빳빳한 재질의 교복을 아예 평상복으로 입었다. 심지어 주말 도서관에 갈 때 사복을 입으면 어색하고 남의 옷을 빌려 입은 것 같았다. 그렇지만 수학여행이나 소풍처럼 학교 울타리를 벗어나는 날이면 우리의 최대 관심사는 무엇보다 '옷'이었다. 가계부담 절감으로 강조된 '교복'으로 인해 부모님은 옷값 지출에 인색했다. '며칠 입지도 않을 거 편하게 입어라, 비싼 옷을 뭣 하러 사느냐'는 설득에 옷을 살 때만큼은 부모님의 눈치를 보며 적은 비용에 최대 효과를 내기 위해 노력했다. 풍족하지는 않았지만 나름대로 최선을 다한 새 옷을 입고 소풍을 갈 때만큼은 누구보다 즐거웠다. 생각해 보니 예나 지금이나 아이들의 생각은 크게 달라지지 않은 것 같다. 요즘 아이들은 패션으로 자기를 어필하려 한다. 특히 교복을 벗고 사복을 입는 날이나 모임에서는 유난히 신경을 곤두세운다.

즐거운 소풍날 아침, 세은이는 분주하다. 지난주부터 친구들과 인터넷쇼핑몰을 샅샅이 뒤져 소풍 패션을 고민하며 옷을 고르고 마음 졸이며 기다린 결과 어제 가까스로 택배를 받았다. 평소 하지 않던 앞머리를 고데기로 말고 화장을 열심히 해보지만 어쩐지 어색하고 마음에 들지 않는다. 힘든 준비과정을 거친 후, 소풍지에 도착했는데 친구들의 세련되고 멋진 모습에 기가 죽는다. 엄마를 졸라 힘들게 산 치마는 왜 이렇게 꽉 끼는지. 불편한 내색도 못 하고 힘든 하루를 보냈다. 반별로 단체사진을 찍는다는 말에 세은이는 누가 시키지도 않았는데 맨 뒤 줄에 가서 섰다.

학교에서 특별한 행사라도 있으면 학생들은 삼삼오오 모여 어떤 옷을 입어야 할지, 친구는 어떤 옷을 샀는지에 대한 열띤 토론(?)이 이어진다. 어떤 학생들은 디데이를 헤아리며 극한 다이어트로 단기간 뱃살빼기 프로젝트에 돌입하기도 한다. 모두 '옷발'을 위한 노력이다. 평소 교복으로 가려져 있던 자신만의 개성을 얼마나 드러내고 싶었을까 하는 이해도 되지만 너무 과한 복장과 어색한 모습은 보는 사람을 불편하게 만든다. 과하게 비싼 옷 또한 다른 친구들과 위화감을 조성하기에 우려스럽다.

언젠가 특정 브랜드의 옷이 학생들 사이에서 필수품으로 여겨진 적이 있었다. 요즘 학생들의 표현을 빌리자면 '인사템(인사이드 아이템)'으로 불리던 그 옷은 소장하지 않으면 이상할 정도로 여겼는데 고가임에도 불구하고 학생들의 겨울점퍼로 명성을 드높였다. 그 옷이 웬만한 성인 기성복 한 벌을 장만할 수 있을 정도의 비싼 가격임에도 불구하고 학생들의 인사템이 될 수 있었던 이유는 유행에 민감한 십대의 성향과 친구들 사이에서 뒤처지고 싶지 않은 청소년기의 특성이 잘 버무려져서 나타난 결과라고 할 수 있다.

하지만 오래가지 않아 '그 옷'은 학교에서 쎈 아이들이 즐겨 입는다는 이미지가 부각되어 입을 수도, 입지 않을 수도 없는 애매한 상황에 놓였었다. 이는 아무리 비싸고 좋은 옷을 입는다 하더라도 누가 어떤 상황에 입느냐에 따라 다른 평가를 받을 수 있다는 것을 잘 보여준 예다. 어떤 사람을 만날 때 그 사람이 입은 옷이 어떤 브랜드이고 얼마나 비싼 옷인지가 상대방에게 큰 영향을 줄 수도 있다. 하지만 그것 자체가 그 사람을 말해주는 결정적인 요소는 아니라는 것쯤은 이제 우리 학생들이 알아야 한다.

이처럼 학생들이 날이 갈수록 옷 스타일에 신경을 쓰는 데에는 요즘 부쩍 늘어난 십대 아이돌 스타도 한몫했다. 또래 친구들이 TV에서 세련된 매너와 멋진 퍼포먼스를 펼치는 것에 시각적으로 자극이 되는 것은 당연한 일이다. 그들의 스타일을 흉내 내고 자신의 사진을 SNS 상에 올리는 등 적극적으로 자신을 표현하고 '좋아요'의 숫자에 매달리는 것이다. 하지만 계속 남의 눈높이에 맞추기 위해 새로운 것, 예쁜 것만 추구하고 보여주는 것에만 급급하면 내면을 충실하게 채워가지 못할 수 있다. 옷 잘 입는 친구가 부럽다는 친구들을 이해한다. 모든 사람이 그런 기본적인 욕구는 가지고 있다.

하지만 자신에게 어울리는 옷이 무엇인지 아는 것도 자기를 아는 과정, 알아가는 과정이다. 자신의 마인드와 꼭 맞는 옷을 입을 때 자신도 빛나고 옷도 날개를 달 수 있다.

우리 아이들이 옷 잘 입는 사람을 부러워하고 친구들의 평가에 연연해하는 것을 잠시 멈추고 진짜 자신에게 어울리는 것이 무엇인지 생각해 보도록 다양한 관점을 제시하자. 건강하게 자신을 표현하는 사람이 멋지다는 것을 알게 되면 아이들이 추구하는 것도 달라질 것이다.

20

화장하는 게
뭐가 어때서요?

채은이가 화장실에서 고개를 푹 숙이고 나온다.

"어디 보자, 쌩얼이 훨씬 낫네. 화장 안 한 게 훨씬 괜찮아, 자신감 가지고 학교 올 때는 제발 좀 가볍게 다니자."

이번에는 채은이도 할 말이 없다. 학기 초부터 풀 메이크업에 대해서 주의를 주신 담임선생님이 학생부에서 보내온 벌점을 확인하신 후 마지막 기회라며 화장을 지우라고 한 것이다. 앞으로 화장을 엷게 하겠다고 했지만 이번엔 안 되겠다고, 아니면 부모님을 부르시겠다고 하시니 눈을 꼭 감고 화장실에서 화장을 지우고 나오는 길이다. 친구들에게 물티슈를 빌려 얼굴을 문질러가며 닦는데 왜 이렇게 서러운 걸까. '오늘 하루는 망했다. 점심이고 뭐고 오늘은 교실에 짱박혀 있어야겠다.' 채은이는 지워진 화장과 함께 자신감도 없어졌다. 생기 없는 자신의 얼굴을 보니 빨리 집에 가고 싶다는 생각뿐이다.

채은이를 보며 이십여 년 전 고등학교 때, 미국으로 이민 간 수정이의 파티사진이 떠올랐다. 그때까지만 해도 파티party라고 하면 영화에서나 볼 수 있는 장면인 줄 알았는데 학기 말 파티에 참석해서 찍은 사진에는 서너 명의 아가씨들이 드레스에 메이크업까지 전문가의 손을 거친 듯 아름다운 모습을 하고 있었다. 내 친구 수정이도 어깨가 드러나는 우아한 드레스를 입고 세련된 미소를 띠며 사진 속에서 당당하게 서 있었다.

"미국은 파티문화가 우리 생각보다 더 일상적인 거 같아, 나도 처음에는 엄청 놀랬는데 이젠 나도 익숙해져서 그런지 아무렇지도 않아. 게다가 이렇게 드레스에 화장도 예쁘게 할 수 있으니까."

아무리 그래도 '고등학생인데 화장이라니. 정말 미국은 다른 세상이구나.' 그런 생각을 나는 떨쳐버릴 수가 없었다. 그 당시 우리 반에도 어른 흉내를 내려 화장을 하는 친구들이 있었지만 평소 대놓고 할 만큼 대담한 친구는 보기 힘들었다. 수정이의 파티사진을 받은 지 이십여 년이 지난 지금, 요즘 우리나라 대부분의 여학생들은 자기만의 파우치를 가지고 있다. 비비크림과 틴트는 기본이고 마스카라, 아이섀도 등이 빼곡히 들어차 있다. 나는 화장하지 않아도 너무 예쁜 시기라고 말해주지만 아이들에게는 소귀에 경 읽기다.

학교에서는 화장과의 전쟁이다. 보란 듯이 새빨간 틴트를 바르고 등교하는 학생들 덕분에 학생부에서는 항상 화장 단속이라는 슬로건을 내세우며 담임선생님들을 종용하고 선생님들의 머리 꼭대기에서 놀던 학생들은 새벽등교라는 특단의 결정으로 교묘하게 눈을 속여 가며 화장하는 것을 포기하지 않고 있다.

이런 현상이 내가 근무하는 학교에서만 일어나는 일은 아니라고 일깨워주듯 화장품 회사에서는 십대를 위한 저가 아이템을 과감하게 내놓고 심지어는 아예 십대를 겨냥하는 마케팅을 펴면서 유혹에 약한 십대 여학생들의 마음을 송두리째 빼앗고 있다. 예전에는 '싸구려 화장품에 피부 상한다, 차라리 좋은 화장품을 쓰면 말을 안 하겠다, 쌩얼이 훨씬 예쁘다'는 말로 설득하기도 했지만 이제는 너무 좋은 화장품과 감쪽같은 화장법으로 이런 말들도 무색하게 되어 버렸다.

"학생부장 선생님이 불시에 단속하신다더라. 요즘 여학생들 화장이 점점 진해진다고. 그러니까 다들 자기 물건들 좀 치우고, 보니까 한두 푼 하는 것도 아닌데 뺏기고 울고불고 하지 마."

아침부터 학교 규율을 핑계 삼아 잔소리를 쏟아내지만 반 아이들은 너나할 거 없이 책상 위에 두툼한 파우치, 거울이 진열되어 있는 게 현실이다. 매번 여학생들의 주된 대화의 소재는 화장품 정보다. 용돈의 대부분을 신상 화장품을 사는데 아끼지 않는다. 매달 용돈은 정해져 있고 필요한 화장품은 많으니 화장품 쇼핑을 하고 나면 간식 하나 사먹을 돈이 남지 않아도 아랑곳하지 않는다. 밥은 안 먹어도 되지만 당장 필요한 화장품은 사야 한다는 신조. 꼭 사고 싶은 화장품의 목록을 작성하기도 한다. 유튜브에는 고등학생 화장법이 올라온 지 오래다.

십대들은 사고 싶은 것, 갖고 싶은 것이 정말 많다. 앞서 언급한 옷처럼 화장품에 대한 소장욕구는 무엇보다 강력하다. 학교에서 공부로 평가받고 자기정체성에 항상 의문을 가지는 십대들에게 화장이 돌파구일까? 아니면 자기 도피일까? 의문이 들 정도다. 짙은 눈 화장에 진한 틴트, 볼터치까지 한 모습을 보면 학생 본연의 모습을 찾아볼 수 없을 때도 있다. 한 번은 채은이처럼 화장에 목숨 걸던 우리 반 친구가 엉엉 울면서 "화장이라도 하니까 제가 얼굴 들고 다니는 거예요."라며 하소연했다. 내가 볼 때는 화장기 없는 얼굴이 훨씬 더 자연스럽고 예뻤는데도 불구하고 말이다.

어른들의 입장에서 우리 십대들은 그 자체만으로도 너무 곱고 예쁜데 그들에게 '자연스럽다'는 말은 예쁘다는 말로 통하지가 않는다. 여학생들에게는 이미 화장이 생활의 일부가 되어 버렸다. 예전처럼 '화장은 무조건 NO!'라고 말하는 시대는 더 이상 아니라는 뜻이다. 다만 우리의 사랑스러운 아이들이 자신의 개성을 없애버리는 과한 화장과 화장을 위한 화장을 하지 않기를 바랄 뿐이다. 그리고 자신만의 장점을 오히려 반감시키는 화장은 안 하느니만 못하다는 것을 알도록 자기의 정체성을 확립해야 한다. 화장이 잘 먹지 않은 날에 하루 종일 화장한 얼굴에 신경 쓰며 자신 없어 하고 짜증을 낸다든지, 화장하는 것에 목숨 걸며 매 순간 신경 쓰는 모습은 뭔가 주객이 전도된 현상처럼 보이기도 하기 때문이다.

우리 아이들이 화장을 하지 않더라도 자신을 표현할 수 있는 수단을 알려주었으면 한다. 친구들 사이에서 돋보이고 싶고 자신의 외모를 더 가꾸고 싶은 마음은 충분히 이해되지만 자신만의 매력을 알아보지 못하고 자기답지 않은 화장으로 덮어 버릴까 봐 걱정되기 때문이다. 지나치면 안 하느니만 못하다는 것을 스스로 인식하도록 자연스럽게 얘기해주면 좋겠다. 가만히 있어도 빛이 나는 십대를, 정말로 충분히 예쁘고 사랑스러운 그때를, 자신의 진짜 매력을 찾아가는 시간으로 보내기를 응원해주자.

인생은 짧다. 작은 일에 얽매이지 마라.
-벤저민 디즈레일리-

21

인기스타
연예인이 되고 싶어요

　초·중학생의 각 10%, 7.4%가 연예인을 희망한다는 기사를 접했다. 스마트폰이 익숙한 청소년들에게 연예인은 외적 기준이자 선망의 대상이 돼버렸다. 또래가 걸그룹 멤버로 데뷔하고 오디션 프로그램에 참가하여 주목을 받는 모습은 십대들에게 엄청난 자극이며 동경의 대상이 되었다고 해도 과언이 아니다. 예전에도 아역배우에서 시작하여 기성배우로 성장한 예는 있었다. 하지만 요즘은 아예 어렸을 때부터 기획사에 소속되어 연예인으로 만들어지고 있다. 이런 시대적 흐름은 많은 청소년들을 오디션프로그램에 열광하게 하고 자신도 연예인이 되고 싶다는 꿈을 좇게 하는 데에 직접적인 역할을 한다. 굳이 연예인이 되는 게 꿈이 아닐지라도 연예인처럼 화려한 외모와 옷차림 등 유행에 민감하게 반응하고 무리한 다이어트를 감행하는 것이 시대의 흐름처럼 되어버렸다.

지영이도 이런 아이들 중 한 명이다. 중상위권 성적에 교내 동아리 활동도 열심히 하는 지영이는 남몰래 J기획사의 오디션 준비로 바쁘다. 부모님도 가수가 되고 싶다는 지영이가 지금껏 공부를 소홀히 한 적도, 학교생활을 대충한 적도 없다는 것을 알기에 크게 반대하지는 않는다. 하지만 이번 오디션은 친구에게도 부모님께도 말하지 않았다. 만에 하나라도 괜한 걱정을 하실까 염려되기도 하고 오디션에 탈락해서 창피를 당할까 우려되기도 하기 때문이다. 오디션을 생각하면 마음이 졸아 들고 초조한데 사람들에게 말도 못하는 자신의 처지가 답답하기도 하다.

자신의 꿈이 연예인이라는 것을 절대로 발설하지 않는다는 지영이. 무슨 일이 있었던 걸까? 평소 착실하다는 소리를 많이 듣는 지영이는 집에서도 학교에서도 자기의 역할을 알아서 잘하는 학생이다.

"넌 앞으로 뭐하고 싶어?" 부모님의 물음에 걸그룹을 하고 싶다고 자신 있게 말한 지영이에게 돌아온 건 부모님의 부정적인 반응이었다.

"지영아, 좀 진지하게 생각해 봐.", "연예인 아무나 하니?", "전국에 너만큼 춤추는 애들이 얼마나 많겠니?", "초등학생도 아니고 공부나 해라."

평소 자신에게 관심이 없는 줄 알았던 부모님이 어찌나 적극적으로 자신의 꿈을 비난하는지 지영이는 그 후로 연예인이 되고 싶다는 말을 입 밖으로 꺼내지도 않는다고 한다. 지금 지영이의 공식적인 꿈은 "아직 정하지 못했어요."가 돼버렸다.

민승이의 경우는 지영이와 조금 다르지만 연예인이 되고자 하는 출발은 같다. 지금 민승이는 기획사 연습생이 된 지 1년째다. 자유시간도 없이 혹독한 나날을 보내고 있지만 언젠가는 나도 데뷔할 수 있다는 기대로 하루하루를 버티고 있다. 연습생의 세계는 생각했던 것보다 훨씬 더 빡세고 치열하다. 사실 민승이는 배우가 되고 싶었다. 하지만 배우가 되기 전에 아이돌그룹 멤버로 데뷔하는 게 더 빠르다고 해서 춤과 노래연습을 병행하고 있는 것이다. 연습생이 되기까지도 쉽지 않았는데 주위 연습생들의 스펙이 민승이를 더 치열하게 만든다. 그런 스트레스 때문인지 얼마 전부터 여드름이 온 얼굴을 뒤덮었다. 가려워도 긁을 수도 없고 짜버리고 싶어도 흉이 남을까 봐 조심스럽다.

많은 부모는 연예인을 하고 싶다는 아들, 딸에게 무작정 "너의 걸징을 밀어줄게. 잘 해봐."라고 격려를 하기에는 세상이 너무 힘들다고 말한다. 자녀가 원하는 것이라면 어떤 일이든 적극적으로 지원하고 싶고 '하고 싶은' 것을 밀어주고 싶은 마음이 굴뚝같지만 '재능, 근성, 철저한 자기관리'의 삼박자가 맞아 떨어져야 겨우 버텨내는 그 삶을 지원하기란 쉽지 않기에 자녀가 헛된 꿈을 꾸지 않도록 설득에 나선다. 그렇지만 아이들의 입장에서 본다면 매일 학교에서 만나는 교사만큼 연예인이라는 직업을 자주 접한다. 손 안에 쥐고 있는 스마트폰으로 언제든 그들을 호출할 수 있다. 멋진 외모와 화려한 생활은 누가 보아도 부럽고 이상적이다. 더구나 TV에서 보이는 그들의 모습은 풍요롭고 여유롭다. 동경하지 않을 래야 않을 수가 없다.

아이들이 TV 속 연예인을 동경하고 꿈으로 가지는 것은 매우 당연해 보이지만, 어른들은 겉으로 보이는 아름다운 외모와 화려한 삶에 집중하는 그들의 모습에 걱정이 앞선다. 불투명한 미래에 많은 시간을 투자해야 하는 것도 그렇지만, 성공을 보장할 수도 없고 진지한 고민의 결과라고 믿기지도 않기 때문이다. 또 자신의 자녀에게 노래나 춤, 연기나 끼 등 실력이 턱없이 부족하다는 것도 알고, 연예인의 생활을 간접적으로 듣고 본 것에서 비롯된 여러 가지 우려가 앞서는 것도 자녀를 말리는 이유이다.

우리 아이들은 간혹 보고 싶은 것만 보고, 듣고 싶은 것에만 집중하여 그 이면의 모습을 간과할 때가 있다. 화려해 보이는 연예인의 삶 이면에는 아이들이 생각하지 못하는 혹독한 어려움이 있다. 공황장애나 우울증으로 고통받는 연예인들이 많다고 한다. 무대 뒤에서 겪는 그들의 외로움은 상상 이상으로 더 크게 느껴진다고 한다. 가파른 인기상승이 공포로 다가오기도 한다는 사실은 일반인으로는 경험하지 못하는 어려움일 것이다. 한순간에 무너질 수 있다는 생각, 자기의 일거수일투족이 감시당하고 있다는 느낌, 실수하면 안 된다는 강박관념 등 날마다 벼랑 위를 걷는 듯한 위태로움으로 산다고 한다. 중압감에 짓눌린 생활을 탈피하고자 한 순간 충동으로 금지된 환각제에 자신을 망치거나 마음의 고통으로 세상을 등지기도 한다. 어떤 일이든 무한정 좋기만 한 것은 없다.

연예계에 진출하고 싶다는 아이들이 상담을 청해 오면 '백조'에 비유하여 말해준다. 겉으로 보기엔 우아하고 아름답지만 물속에선 쉴 새 없이 물질을 해야 하는 백조. 누가 보아도 우아한 자태를 대중에게 선보여야 하기에 자신의 감정을 포장해야 하고 공인으로서 내외적으로 흐트러짐이 없는 모습을 보여야 한다는 것. 게다가 매력 넘치는 타 경쟁자들 사이에서 존재감을 잃지 않기 위해서는 매일의 연습과 관리를 게을리할 수 없다는 것.

연기자라면 '연기만 잘하면 되지.'라고 생각하는 친구들이 많다. 다양한 감정과 기분을 상황에 맞게 연기하기 위해서는 자신의 감정선 또한 잘 다스려야 하고 매일 굽 높은 힐을 신고 댄스와 노래까지 소화해야 하는 걸그룹 멤버들은 엄청난 자기관리와 체력, 끈기와 노력이 기본적으로 겸비되어야 한다는 것을 우리 아이들은 너무 쉽게 생각하는 경향이 있다. 한 사람의 전문가로 인정하기보다 우연히 아주 쉽게 획득한 '행운'으로 연예인이 된다고 여기는 것은 잘못된 생각이다.

주변에 연예인이 꿈인 아이들이 무작정 다이어트부터 시작한다든지, 외모 가꾸기에 혈안이 될 때 본질은 뒤로 한 채 눈에 보이는 노력만 기울이는 것은 아닌지 우려된다. 오디션 프로그램을 보면 감동적인 스토리로 듣는 이로 하여금 눈시울을 붉히게 하는 참가자들도 있다. 그들의 스토리에는 시련과 고통의 과정을 통해 성숙해진 삶의 모습이 녹아있어 사람들로 하여금 공감을 이끌어낸다. 그들의 모습에서 그 어떤 경험도 버려지는 것은 없기에 고난과 시련을 겪으면서 마음이 단단해졌음을, 그 어떤 시련이 주어져도 웃으면서 버텨내는 내공이 단련되어 있음이 읽힌다. 우리 아이들이 그러한 부분을 깊이 있게 관찰하고 생각했으면 한다.

연예인이 되기로 결심한 친구들 중에는 공부, 친구관계 등 삶에서 기본적인 것을 뒤로 한 채 '그것'에만 매진하는 모습을 보이는 경우가 있다. 그럴 수밖에 없는 상황이라고 말하기도 하지만 자신의 삶의 내용이 생략된다면 언젠가는 자기의 존재감을 상실한 채로 살아가게 될 수 있다. 자녀가 하고 싶은 일에 지원해주고 싶은 것이 부모의 마음이겠지만 이 점에 있어서는 객관적이고 냉정한 판단 아래 고민해야 할 문제이다.

부모가 연예인이 되고 싶은 자신의 꿈을 무조건 반대하고 나선다며 실망하고 주변인들에게 등을 돌려버리는 자녀에게 먼저 냉정하게 판단하라는 의미에서 다음과 같은 질문을 던져보자.

첫 번째, 재능이 있는가? 두 번째, 자신의 적성과 성격이 연예인의 삶에 맞는가? 세 번째, 끝까지 자기관리를 철저히 할 수 있는가?

우리 아이들이 화려함과 눈에 보이는 인기, 이면에 있는 땀과 노력을 볼 줄 알아야 한다. 돋보이는 한 가지만 보지 말고 그 세계에 깃든 어려움과 감당해야 할 자기 몫을 따져볼 수 있도록 자료를 찾고 함께 고민하는 지혜가 부모에게 있어야 한다. 무조건 "안 돼!" 한다면 아이들은 어디로 튕겨나갈지 모른다. 꿈을 향한 도전을 칭찬해주면서 '지금 꼭 해야 할 것을 놓치고 있는 것은 아닌지', '지금 나의 삶에서 우선순위가 무엇인지'를 되짚어볼 수 있는 계기를 마련해주고 자기의 삶을 충실히 채우려는 의지를 부여하는 것이 바람직하다.

엄마

있는 그대로
나를 인정해주세요

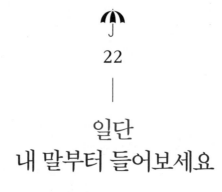

22

—

일단
내 말부터 들어보세요

성현이는 학원 공부가 적성에 맞지도 않고 모르는 부분만 찾아서 들으면 되는 인터넷 강의가 효율적이라고 생각한다. 그런데 집에 있는 컴퓨터로 인강을 듣기엔 영 불편하다. 태블릿 PC가 있으면 공부하는 데 편리할 것 같은데…. 하지만 엄마 눈치만 보며 언제 말을 꺼내야 할지 입만 달싹거리고 있다.

"뭐 사달라는 거면 말도 꺼내지 마, 지난달에 안경 새로 했지, 운동화 샀지. 알지?"

엄마는 성현이가 무슨 말을 할지 뻔히 알고 있는 것 같다. 아빠는 어제 과음 탓으로 안방과 거실을 오가며 수면 상태다. 성현이는 누구도 자신의 얘기를 들어주지 않는다는 생각에 갑자기 화가 났다. 울분이 터져 나왔다.

"태블릿 PC 사 주라고!"

"그것 없어서 공부를 못 한다는 거니? 핑계는."

어렵게 말을 꺼낸 성현이다. 하지만 아빠는 성현이의 말을 들어줄 생각도 없고 엄마는 자기얘기만 늘어놓는다. 자신의 요구에 귀 기울여주지 않는 부모가 원망스럽다.

자녀 입장에서는 자식을 위해서 부모님이 뭔가를 해주는 것이 당연하다고 생각되겠지만, 부모라고 해서 자녀가 갖고 싶은 것을 모두 사 줄 수는 없다. 집안의 경제적 사정이라는 것도 있고 자녀의 소비 습관, 자기관리에 대한 교육과 맞물려 자녀의 요구를 고스란히 들어줄 수만은 없는 실정이다. 그리고 아무리 공부에 도움이 된다고 해도 덜컥 태블릿 PC를 사 줄 여유 있는 가정도 생각보다 많지 않다. 그런데 아이들은 자기가 원하는 것을 사주지 않는 부모를 무능력한 사람으로 여긴다. 그에 대한 반감으로 자기 마음을 드러내지 않고 마음을 닫아버리기도 한다. 부모를 온전히 이해하는 시점이 되려면 한참 크고 난 뒤, 어쩌면 결혼해서 그만한 자식을 키워 본 뒤라야 어느 정도 이해가 될 수도 있을 것이다. 그렇다고 어떠한 문제에 대해 시간이 흘러가기만 기다릴 수도 없고 당장 해결해야 하는 시점에서 서로의 탓만 할 수도 없다.

먼저 부모와 자녀 간의 대화라는 수단을 사용함에 있어 서로에 대한 이해가 기본으로 깔려 있어야 한다. 강요와 강압은 일방적인 통보로 가능하지만 대화에는 준비가 필요한 것을 인지하고 접근해야 한다.

그런데 아이러니하게도 대부분의 부모와 자녀의 갈등은 대화에서 촉발된다. 서로 상대의 말을 충분히 들어줄 준비가 되지 않은 상태에서 진행되는 대화는 심리적 간극을 절대 좁히지 못한다. 부모는 방문을 잠근 채 자기 방에서 꿈쩍도 하지 않는 자녀가 불안하다고 하고, 자녀는 도무지 부모님과 말이 안 통한다고 짜증을 낸다.

정신분석학자인 안나 프로이트는 '부모를 사랑하면서도 미워하고, 다른 사람 앞에서 자기 어머니를 아는 척하는 것을 매우 부끄러워하지만 때로는 어머니와 진지와 대화를 하고 싶어 하는 것이 열일곱 살에게는 지극히 당연한 것'이라고 했다.

그런데 왜 십대는 부모가 자신의 말에 귀 기울이기를 원하면서도 부모와의 대화를 피하는 것일까? "십대 자녀의 마음을 도통 알 수가 없어요. 내 자식이지만 너무 어렵고 보고만 있어도 화병이 생길 지경이에요."라고 호소하는 부모에게는 그들의 행동이 감정적이고 반항하는 모습으로 비춰질 뿐이다. 하지만 자녀들에게 "왜 그랬니?"라고 물으면 나오는 대답은 하나다.

"아무도 내 말을 들으려고 하지 않아요!"

이처럼 부모와 십대 자녀 간의 아슬아슬한 관계를 지켜보면 끝나지 않는 줄다리기 시합을 하고 있는 느낌이다. 기대에 부응하는 자녀를 부모가 조금 힘을 주어 당기면 자녀는 깜짝 놀라 끌려가지 않으려고 안간힘을 쓰고 뒤로 버틴다. 그러다 어느 한쪽이 먼저 아예 줄을 놓아버리는 경우도 있다. 또한 자녀가 목에 힘을 주어 큰소리를 내면 부모는 애써 흔들리지 않는 듯 더 강압적으로 말한다. 부모의 위치, 보호자라는 명분으로 대화 초반에 자녀를 제압하려는 것이다. 이러다 보니 대화의 어긋남이 누구의 잘못이라기보다 상호 간의 맹목적 기대가 만들어낸 엇갈리는 표현 방법으로 보인다.

안타깝게도 대화 속에 서로의 기대치에 미치지 못하는 분노가 내포되어 서로의 마음에 상처를 주는 표현도 서슴지 않는다. 부모와 자녀 간에 불신이 쌓이고 타협할 수 없는 간극을 만들며 서로 인정하지 않는, 존재를 부정하는 파국으로 치닫기도 한다.

전문가들은 십대의 끊임없는 기분 변화와 판단력 결여는 전전두엽 피질의 미성숙으로 청소년기의 특징이라고 말한다. 그렇다고 매번 엇갈리는 반응을 보이는 십대에게 항상 맞출 수도 없는 노릇이다. 부모는 저마다 자녀양육 철학과 교육관, 생활방식이 있어 각 가정의 규율에 따라 양육하는데 청소년기의 특징도 이해하지만 가족이라는 울타리에서 구성원으로서의 역할도 중요하다는 사실도 인식시키고 싶어 한다. 부모의 권위 문제도 있지만 집안의 화합과 안정을 위해서라는 목적 의식이 있는 것이다.

이에 반해 사춘기에 접어든 자녀는 시야가 넓어지고 가치기준이 달라지며 밖으로 나돌기 시작한다. 이제는 부모, 형제자매의 조언보다는 외부환경에 더 많은 관심과 호기심을 보인다. 친구나 선후배가 해주는 공감에 동지애를 느끼고 심적으로 의지하기까지 한다. 이는 가정 내에서 문제를 하소연하거나 가족 간의 트러블이 있을 때 특히 주효하다. 대안처가 있는 십대 아이들은 오롯이 자기를 이해하지 못하는 부모형제 때문에 '더 스트레스를 받는다, 말 통하는 사람이 없다, 말하면 오히려 답답하다'고 느끼고 교류 자체를 피하거나 차단하는 것이다.

고1 강인이는 위로 형과 누나가 있는 막내다. 형과는 10살, 누나와
는 7살 차이가 나는 관계로 강인이는 어렸을 때부터 막둥이로 사랑을 많
이 받았다. 형과 누나는 이미 직장생활을 하고 있고 한 달에 한 번 꼴
로 겨우 얼굴을 본다. 어렸을 때는 나이차이 많이 나는 형, 누나 덕분
에 어려운 숙제도 척척 할 수 있었고 갖고 싶은 것도 부모님 대신 사주어
서 좋았다. 하지만 요즘은 형, 누나와 마주치기를 꺼린다.

"그래, 강인이는 뭘 하면 좋겠니?"

"수학을 잘하는 것도 아니고 공부도 어중간하지, 끈기도 없지. 내
가 다 걱정이다."

무시하는 듯한 형의 말투에 강인이는 짜증이 난다. 엄마까지 거들
어 자신의 앞날에 대해 왈가왈부한다. 좋은 말, 응원해주는 말은 안 하
고 비관적이고 부정적인 말만 쏟아낸다. 가족은 항상 이런 식이다. 자
신은 어린애 취급을 하고 형, 누나만 듬직하게 여기는 게 너무 싫다.

십대들은 뭔가 결정을 내려야 할 때, 자신의 일임에도 불구하고 오히
려 자신은 배제된 느낌을 받거나 이런 상황이 반복되면 예상 외의 반응
을 보이게 된다. 자기결정을 포기해 버리거나 반대를 위한 반대를 강하
게 하며 튕겨나가는 것이다.

보통 첫 자녀를 양육하는 부모와 두세째를 양육하는 부모의 태도
는 확연히 차이가 난다. 대부분 첫 자녀는 더 정성을 들이고 신중하
게 키운다. 처음 해보는 부모역할에 긴장하며 최선을 다하고 자녀의 요
구를 거의 수용하는 쪽을 선택한다. 또한 자녀에 대한 기대심리로 교육

에 있어서도 성의를 다하는 편이다. 반면 두세째 자녀에 대해서는 첫째보다는 좀 더 편안한 마음으로 자녀교육에 임한다. 첫째를 키워 본 경험이 여유를 가져다주는 것이다.

자녀의 입장에서는 어떨까? 첫째는 부모만큼이나 매사 새로운 환경과 선택에 부모님, 선생님의 조언에 귀 기울이고 긴장감을 가지고 학교생활을 하는 편이다. 두세째는 첫째에게 집중된 부모의 관심에서 조금은 자유로울 수 있다. 통계 근거가 있는 자료는 아니지만 보편적으로 첫째는 착하고 성실한 모범생이 많고 둘째는 뭔가 허술하고 꼼꼼하지 않지만 고집이 센 경우를 많이 볼 수 있다. 같은 집에 사는 형제자매라 할지라도 타고난 개성에 환경이 주는 영향으로 자신의 성향이 나타난다.

누구든지 태어났다는 것만으로도 가치가 모두 다른 하나의 인격체다. 조금 다르다 할지라노, 부족한 면을 보이더라도 그 자체를 인정하고 존중해야 한다. 존중받을 때 자녀가 가진 역량과 힘이 발휘된다. 잘못된 습관을 억지로 뜯어 고치려는 것보다 훨씬 효율적이다.

십대들은 자신을 믿어주는 절대적인 마음을 원한다. 말로만 '널 믿어'라고 백번 말해도 그들은 귀신같이 알고 느낀다. 타인과의 관계에서도 공감과 수용이 필요하듯 부모와 자녀와의 관계에서도 진실한 믿음으로 서로에 대한 예의를 지키는 것이 필수다. 자녀의 마음을 알 수가 없어 답답하고 불안하다면 먼저, 십대 자녀의 말을 듣는 연습이 필요하다.

자녀는 완벽한 부모를 기대하고 부모는 이상적인 자녀를 꿈꾼다. 서로 자기만의 방법을 고집하다 보면 둘 다 지쳐 쓰러지고 만다. 전력을 다하고도 허무하게 바닥에 털썩 주저앉기 전에 우리는 서로의 방식을 받아들이고 이해하려는 노력을 기울여 이런 악순환을 피해야 한다.

우리의 인생은 우리의 생각에 의해 만들어진다.
-마르쿠스 아우렐리우스-

23

부모님 마음대로
저를 조립하지 마세요

학부모 상담에 온 부모의 표현을 빌리자면 '자율적인' 학생은 단 한 명도 없다.

"학교에서는 자기 일을 잘 하고 있나요? 친구들하고 관계는 괜찮나요? 수업시간에 공부는 열심히 하고요?"

모든 질문이 그동안 품고 있던 의심거리들을 쏟아내는 질문이다. 그도 그럴 것이 집에서는 그렇게 말을 안 듣고, 정리도 못 하고, 책 한 번 안 펴본다는 것이다. 학교에서는 멀쩡한 학생들이 왜 집에서는 그리 못 하는지, 내가 학생들을 제대로 보지 못하는 것인지 의문이 들 정도다.

부모는 자녀가 고등학생이 되어도 몸만 자랐지 어린아이와 같다고 생각한다. 아직 미성년자인 자녀가 집안에서 보이는 어른스럽지 못하고, 자기 주변 정리도 하나 할 줄 모르고, 시간만 나면 뒹굴거리는 게으름과 형제자매와 티격태격 싸우기나 하고 부모의 말은 지지리도 안 듣는 모습을 여과 없이 보기 때문이다. 그래서 자녀를 남들 앞에 내세우기 부끄럽고 중요한 상황에서 실수는 하지 않을까 불안해하는 것이다. 이런 시각으로 자녀를 보기 때문에 학부모와의 상담에서는 담임교사가 오히려 부모님을 위로하고 설득하는 상황이 벌어진다.

"학교에서는 너무 잘하는데요? 그런 면이 있었군요. 어머니께서 걱정하시는 모습을 학교에서는 보이지 않아요. 주변 정리도 정말 잘하는 학생이고요."

마치 준비된 답변처럼 부모가 안심할 수 있는 이야기를 해주지만 개인적인 생각으로 인간이라면 누구나 자신이 무장 해제되는 공간이 하나쯤은 필요하다고 믿는다. 학생들은 학교에서, 어른들은 직장에서 타인과 소통하고 경쟁하는 데에 많은 에너지를 쏟고 감정소비에 지친다. 집에서 만큼은 목까지 채운 단추를 풀고 편안한 모습으로 서로 위안해주는 것도 괜찮지 않을까?

엄마는 귀신
　　　　이선민

풀리지도 않는
어려운 수학 문제를 풀다가
뜨거워진 머리 좀 식히려

침대에 눕는 순간

엄마가 방문 열고 들어온다

공부 안 하니?

이해도 되지 않는 과학

인강까지 들으면서 공부하다

친구와 카톡하려

핸드폰을 집어드는 순간

엄마가 방문 열고 들어온다

공부 다 했니?

내 머릿속에 들어가지 않으려

애쓰는 영어 단어들

억지로 머릿속에 집어넣고

좀 쉬려고 노래를 재생하는 순간

엄마가 방문 열고 들어온다

공부 언제 할 거니?

엄마는 내가 쉬려고만 하면

귀신같이 내 방에 들어온다

이 시에 나타나 있듯이 우리 학생들에게 있어 집은 쉼터가 아니다.
공부를 연장해야 하는 또 다른 교실인 셈이다. 그들은 언제쯤 편안한 집에서 여유를 누리고 마음을 풀어놓을까.

중3인 희연이는 종례가 끝나고 스마트폰을 켜자 엄마가 보낸 SNS 메시지가 와 있다.

"희연아, 5시에 학교 앞에서 기다리고 있을게. 오늘 어렵게 학원 선생님하고 상담 잡았으니까 학교 앞에서 기다리는 거 잊지 말고, 이번 여름에는 영어캠프 가는 게 좋겠다. 엄마도 고민을 많이 해봤는데 이번에 놓치면 안 될 것 같아. 자세한 얘기는 나중에 만나서…."

희연이는 짜증이 났다.

'왜, 엄마 마음대로 또 결정해… 아, 난 정말 이번 방학 땐 내 계획대로 하고 싶었는데….'

사실 희연이는 하고 싶은 것이 따로 있었다. 바로 사진 찍기다. 초등학생 때부터 열심히 모은 용돈으로 얼마 전에 카메라를 샀다. 엄마가 쓸데없는 짓 한다고 할까 봐 말도 못하고 꼭꼭 숨겨두었다. 여름방학 때 신나게 출사 다닐 생각에 들떠 있었는데 엄마의 메시지를 보자마자 희연이는 저절로 한숨이 나왔다.

희연이의 계획을 전혀 모르는 엄마는 일방적으로 영어캠프 계획을 세웠다. 서로가 그리는 그림이 달라서 생긴 갈등이다. 누군가가 먼저 대화를 해보았더라면 생기지 않았을 갈등이다. 누구를 뭐라고 탓할 수는 없지만 이런 상황이 반복되면 갈등의 골은 깊어지기 마련이다.

시간이 갈수록 머리가 굵어진 자녀가 자기주장이 너무 강해서 대화가 어렵다는 부모들의 하소연을 자주 듣는다. 반면 자녀는 부모님이 자신의 일을 상의 없이 결정해 버린다며 불만을 토로한다. 자녀는 부모의 그늘이 안락하고 좋긴 하지만 자신의 의견을 무시한 채 자기 말을 들어 보려고도 하지 않는 부모를 생각하면 답답하다. 펑 터져버리고 싶은 마음은 언제든 돌발 사고를 준비하고 계획하는 것처럼 보인다. 어떤 문제가 생기면 또 어떻게 이야기를 꺼내야 할지 고민하지만 대화를 나누기도 전에 불 보듯 뻔한 부모님의 대답이 먼저 짐작되니 입 밖으로 꺼내기가 어렵다.

이렇게 부모는 모르지만 자녀는 자신이 느끼고 생각하는 것이 맞는 건지, 틀린 건지, 말해야 하는지, 안 해야 하는지에 대한 고민을 하는 데에 상당한 시간을 들인다. 어른들의 생각으로는 "뭘 그렇게 복잡하게 생각해? 너를 도와주는 사람이 얼마나 많은데? 다음부터는 부담 가지지 말고 고민이 있으면 바로 얘기해. 알겠지?"라고 하지만 자녀에게 그런 문제는 그렇게 쉽지가 않다. 그래서 뜸을 들이고 그렇게 마음속으로 끙끙 앓다가 급기야는 일방적으로 터트려 버리는 일이 생겨버리는 것이다.

부모는 부모대로 아이를 지켜보는 입장에서 마음이 조마조마하다. 친구를 잘 못 만나서, 공부가 부족해서, 방학을 알차게 보내지 않아서 생길 문제들을 미리 걱정하고 해결책으로 '간섭과 관리'라는 예방주사를 놓는다. 하지만 부모로부터 예방주사를 자주 맞을수록 아이는 면역력이 생기는 것이 아니라 이미 알고 있는 사항에 대해 말문을 닫고 잔소리의 빌미가 될 만한 것들은 숨기기 급급하다. 본심은 숨기고 부모가 만들어 놓은 플래너에 따라 움직이는 인형처럼 움직인다. 그러다가 일순간 자의식이 강하게 발동하면 인형의 역할을 거부한다. 그러면 부모는 당혹스럽다. 그토록 얌전하게 말 잘 듣던 아이가 갑자기 "제가 하기 싫은 것은 안 할래요, 저도 생각이 있다고요, 학교는 저와 맞지 않아요."와 같이 부모가 절대 듣고 싶지 않은 말을 마구 쏟아내면 '돌발행동' 즉 '반항'으로 받아들인다.

이에 대응하는 방식도 부모에 따라 다르다.

"왜 진작 말하지 않았니? 네가 그런 생각을 하고 있는 줄은 전혀 몰랐다."라며 자식을 이해하려는 입장과 "지금 때가 어느 땐데 네가 이래? 그냥 시키는 대로 해!" 하며 아이의 의견을 묵살하고 강제하는 입장이 있다. 강제하는 입장은 아이가 더 엇나갈까 봐 불안해하는 마음과 반항이 시작되는 시점에서 부모의 입장을 확실하게 해두어 엇나감을 방지하겠다는 심산이다.

부모들은 자신이 살아 온 삶의 스토리에 따라, 혹은 자신이 추구하는 삶의 가치에 따라 자녀에게 요구사항이 달라진다. 공부 잘할 것을 강조하는 부모의 경우 공부를 열심히 해서 부와 명예를 누리며 살기를 바라는 마음에서 비롯되지만 자녀는 부모님이 자신을 대리만족의 수단처럼 여긴다고 불평한다. 반면 부모는 자녀에게 안전하고 좋은 것을 주려는 것이고 보다 편하게 살아갈 수 있는 방법을 알려주는 것이라고 강조한다. 이렇게 부모와 자녀의 입장 차이, 세대 차이, 경험의 차이는 결코 좁혀질 수 없는 거리감이 있다. 누구의 문제인가를 떠나서 누구의 생각과 입장을 선회해야 하는 것인가.

아이들은 부모세대와 많이 다른 환경에서 자라고 있다. 과학문명의 발달로 아이들이 접할 수 있는 문화는 광범위해졌고, 전문지식 또한 쉽게 얻을 수 있게 되었다. 그뿐인가. 시공간을 초월한 문명의 혜택을 받으며 자신의 역량을 펼치기도 한다. 30년 이상의 세대 차이를 가진 부모님을 설득하고 이해시키는 데에 애쓰지 않는다. 행여 부모가 관심을 가지고 묻기라도 하면 "몰라도 돼!"로 일관한다. 일일이 설명하는 것이 구차하고 어차피 이해하지도 못할 것이니 대답을 거부하겠다는 뜻이다.

부모는 이런 십대 자녀를 이해하려고 노력해야 한다. 생각해 보면 부모 자신의 십대 시절과 다를 것이 없다. 그들을 이해하고 자녀의 시선이 꽂히는 곳을 부모도 같이 바라봐야 한다. '무엇을 공부하는지, 진도는 어디쯤 나갔는지, 성적이 올랐는지 내렸는지'보다 자녀가 듣는 음악이나 관심 있는 분야를 알아보고 조사해 눈높이를 맞추고 조언해야 한다. 부모의 관점으로 자녀의 행동이 옳다, 그르다를 평가하지 말고 그 분야의 전문가나 관련자를 자녀와 함께 찾아가거나 직접 접할 수 있는 기회를 마련해주는 것이 좋다.

어떤 문제들은 부모나 자녀 어느 한쪽의 일방적인 이해나 수용으로 해결될 수 없다. 자녀는 부모의 말대로 하는 꼭두각시도, 말 잘 듣는 인형도 아니다. 부모가 아이의 자존감을 존중해줄 때 대화가 성립된다. 장담컨대 이 세상에는 부모와 자녀의 관계보다 서로를 위하는 사이는 없다는 진리를 믿어야 한다.

부모와 자녀의 관계는 서로가 서로를 위하는 마음은 분명한데 어쩐지 다른 세상에 사는 것처럼 보인다. 하지만 자녀는 자기에게 어떤 문제가 생겼을 때 부모가 먼저 다가와 주기를 기다리며 힘든 마음을 위로받고 싶어 한다. 설령 크나큰 잘못을 저질렀다 해도 자기편에서 공감해주기를 원하고 있다. 그들도 스스로 어느 부분에서 잘못했는지 안다. 일일이 지적하고 훈계하려 하기보다 보듬어주고 그럴 수밖에 없었던 이유와 하소연을 말하려 할 때, 아니면 그들이 자기의 마음을 고스란히 드러내고 싶어 할 때 곁에서 묵묵히 들어만 줘도 된다. 자녀가 허심탄회하게 당신을 찾을 수 있도록 그들의 안락의자가 되어주는 것이 어떨까.

나는 살면서 수많은 실패를 거듭했다. 그러나 바로 그것이 내가 성공할 수 있었던 이유다.
-마이클 조던-

24

다른 애와
비교하지 말라고요

한동안 '엄친아, 엄친딸'이라는 수식어가 유행했었다. 소위 말하는 '엄마 친구 딸, 아들'은 불특정 다수에게 부러움의 대상을 대표하는 대명사처럼 여겨졌다. 공부와는 별개의 영역처럼 여겨지는 연예계조차도 집안, 학벌, 외모를 겸비한 엄친아, 엄친딸의 등장으로 요즘에는 완벽한 인간만이 살아남는다는 메시지를 전하는 듯 보인다.

"지호가 그렇게 수학을 잘한다면서? 너 지호랑 학원에서 같은 반이지?"

"네."

"잘됐네, 바로 옆에 앉아서 공부 좀 배워. 공부 잘하는 데는 다 이유가 있어."

"뭘 배워. 자존심 상하게."

"찬찬히 관찰을 해봐, 너랑 다른 뭔가가 분명히 있을 거야."

준영이는 엄마의 말이 괜히 서운하다. 지호만큼은 아니지만 자기도 노력하고 있는데 밑도 끝도 없이 지호랑 자신을 비교하니 말이다.

어느 날, 방에서 공부하고 있는데 엄마가 들어오더니 다짜고짜 잔소리를 해댔다.

"너, 공부할 때 왜 이렇게 몸을 왔다 갔다 거려? 할 거면 제대로 해, 집중해서!"

갑자기 화가 치밀어 온 준영이가 엄마에게 쏘아 붙였다.

"지호도 이렇게 공부해요!"

지호는 인근 학교에 소문이 날 정도로 교과 성적이 우수한 친구다. 주변 학원에서는 지호를 서로 모셔(?) 가려고 한다. 지호 같은 우등생의 존재만으로도 학원의 명성이 올라가고 지호와 같은 반에서 공부하고 싶어 하는 학생들이 몰린다는 이유에서다. 그래서인지 지호는 중학교 2, 3학년 때부터 줄곧 동네 학원에서 공짜로 공부를 하고 있다. 학생과 학부모의 심리를 꿰뚫은 학원의 전략이 아닐 수 없다. 그런데 준영이나 일반학생의 입장에서는 이 영업 비밀을 어떻게 받아들일까. 자신들이 지호의 들러리 정도로만 생각할 수 있지 않나? 하나를 위해 존재하는 다수, 자신들이 먹여 살리는 자기의 비교 상대, 지호의 존재 자체가 심리적 괴로움의 근원지인 것이다.

우리 아이들은 초등학교 때부터 시작되는 경쟁적인 교육에 익숙해져 있다. 학령기가 시작되면 부모는 자연스럽게 자녀 친구의 점수에 관심을 갖는다. 비교 대상은 언제나 우등생이며 비교 품목은 성적이다.

절대 자기 아이보다 못 하는 아이와 비교하지 않기 때문에 자녀의 입장에서 본다면 비교당한다는 것 자체가 칭찬받을 일이 없고 상대적으로 낮은 점수를 받아 자존감만 묵살되는 일일 뿐이다. 그래서 부모님이 모임에만 다녀오시면 엄친아의 우수한 얘기에 귀를 막고 싶어진다. 어렸을 때는 환하게 웃기만 해도 사랑을 주셨던 부모님인데 이제는 뭐든지 남들보다 못난 것만 부각시키고 부족한 부분만 콕콕 집어낸다. 더 잘하라고 채찍질하는 것인 줄 아는 데도 부모님과 대화를 나눌 엄두를 못내는 것이다.

중3인 승연이는 채린이와 같은 반이 된 것이 마음에 안 든다. 채린이는 중1 때부터 내내 학급반장을 하고 있고 올해도 어김없이 반장이 되었다.

"승연아, 이번에 채린이와 한 반이지?"

"채린이는 이번에도 반장이라며?"

"엄마가 이런 말하면 그렇지만, 엄마가 채린이 엄마보다 학교 다닐 때 공부도 잘했고 친구도 많았어. 채린이가 그렇게 잘할 줄 몰랐네."

승연이는 또 시작된 엄마의 말에 귀를 막고 싶다. 한두 번도 아니고 채린이 얘기할 때마다 저 얘기니 귀에 딱지가 앉을 지경이다. 하필 채린이와 같은 반이 되다니. 올 일 년은 망했다는 생각에 승연이는 막막하다.

승연이는 평소 엄마와 대화를 많이 하는 편이라고 했다. 초등학생 때부터 시시콜콜 엄마에게 학교에서 있었던 일들을 풀어놓으며 나름대로 엄마와 관계가 좋다고 생각했는데 이제는 모든 것을 솔직하게 말하기에는 엄마의 속이 너무 보인다는 것이다.

"엄마가 제 학교생활에 대해 속속들이 아는 것이 싫어요. 엄마는 너무 앞서가고요. 너무 경쟁적이에요. 엄마친구 딸과 제가 왜 경쟁해야 하는지 모르겠어요."

화통한 성격의 승연이가 이런 속마음을 털어놓고는 엄마 흉을 본 거 같아서 찝찝하다며 절대 비밀이라고 했다. 교사의 입장에서 이렇게 솔직하게 털어놓는 승연이가 건강하다는 생각이 들었다. 대부분의 아이들은 누군가와 비교당하거나 자신을 인형처럼 조정하려 들면 불쾌하고 화가 나 욱하고 강하게 대응한다. '내가 그렇게 부족한가, 에잇 공부 못 하는 내가 잘못이지 짜증나', '나도 이런 집에서 살기 싫어!'와 같이 기분 나쁜 포인트를 마음속에 차곡차곡 쌓아두는 것이다. 그리고 같은 상황이 자꾸 반복되면 원상복귀가 안 되고 밖으로 방황하게 된다.

우리 사회에서 자녀의 학교성적은 인생이 걸린 중요한 이슈이다. 특히, 교육열이 세계 최고인 우리나라 부모에게는 절대로 포기할 수 없는 부분이다. 자녀가 다른 사람보다 더 잘살게 하기 위해서는 다른 사람보다 더 공부하고 더 잘해야 좋은 직장, 좋은 인생이 펼쳐진다고 믿는다. 그래서 무리를 해서라도 교육에 투자하고 뒷받침하고 있는 것이다. 학교에서의 모범생이 사회에서도 성공한다는 보장은 없지만 지금 당장 내 자녀가 다른 아이들보다 뒤처지는 현실은 두고 볼 수만은 없는 것이다.

부모는 가능성 있는 자녀들이 '조금 더 열심히 하지 않는 것'에 대한 안타까움을 호소하기도 한다. 그런 부모들은 '어떻게 하면 자녀에게 동기부여를 할 수 있을까, 지금보다 더 열심히 하도록 할 수 있을까'에 집중한다. 어느 부모나 '칭찬'의 힘이 대단한 것쯤은 잘 아는 사실이지만 막상 집에서 자녀들이 널브러져 있는 꼬락서니를 보고 있자면 열불이 터진다는 것이 공통된 하소연이다. 그래서 "차라리 다른 애들처럼 독서실이라도 끊어라, 지금 이럴 때가 아닌데 넌 도대체 왜 이렇게 태평인 거니?"라는 말이 자신들도 모르게 툭툭 튀어나온다는 것이다.

하지만 자녀의 입장에서 이 문제를 돌이켜봐야 한다. 그들은 친구들을 비교대상으로만 보는 부모를 이해하지 못한다. 자기편이라고 믿었는데 비교 급부를 눈앞에 들이대며 그만큼 하라고 요구하는 것이나, 공부 좀 못 한다고 자식인 자기를 저평가하는 것도 이해할 수 없으며 그런 말을 듣는 순간 자신이 한심하게 느껴지고 정말 보잘것없는 존재라는 회의가 드는 것이다.

"중간고사보다 수학점수가 10점이나 올랐는데 엄마는 칭찬은커녕 아직 갈 길이 멀다고 하더라고요. 수학이 얼마나 어려운데, 저 정말 공부할 힘이 안 나요."

부모는 자녀의 능력 부분에 집중하는 경향이 강하다. 자녀가 어렸을 때는 오직 건강하게 잘 자라기만을 바랐는데 자녀가 학교에 입학하면 아이의 미래를 염려하며 계획을 세운다. 그래서 칭찬을 해야 할 순간에도 '에잇, 조금만 더 하지, 이랬으면 더 좋았을 텐데….'라는 아쉬움을 표현하게 되는 것이다.

누구나 '잘한다'는 말을 들으면 신이 난다. 몇 년 전 수능을 치른 혜진이는 수학 점수가 향상되었다. 늘 어떻게 하면 수학점수를 올릴 수 있는지를 물었던 친구라 비결을 물었더니 비결은 다름 아닌 칭찬이라고 했다.

"공부하면서 힘들 때 선생님이 항상 '혜진이는 수학을 참 잘해'라고 말씀해주신 것을 떠올렸어요. 사실 저는 수학을 잘한다고 생각하지 않았는데 '선생님이 칭찬을 해주셨지. 그래 잘할 수 있어.'라고 스스로 계속 떠올리며 다짐했죠."

아이들은 자신의 존재를 인정해주기를 간절히 바란다. 다른 누군가와 비교되어 받는 인정과 칭찬이 아니라 온전히 자신에 대한 관심을 원하는 것이다. 가정에서 존재 그 자체로 지극한 사랑을 받는 건강한 아이들은 학교에서도 주위 친구들을 기분 좋게 해주고 분위기를 환기시키는 역할을 잘한다. 존중받은 경험이 다른 사람도 존중할 수 있는 요소로 몸에 밴 것이다.

타인을 겨냥한 목표 달성이 인생의 궁극적인 목적이 아님은 우리 어른들도 잘 알고 있을 것이다. 자신도 모르게 일방적인 방향을 가장 사랑하는 자녀에게 요구하는 것은 아닌지 생각해 봐야 한다. 타인과 더불어 자신의 가치를 스스로 인정하는 절대급 인생을 살도록 자녀에게 응원을 보내야 할 때다.

25

내 일에 사사건건
개입하지 마세요

"왜 가정통신문 엄마한테 안 보여줬어? 이번에 까딱하면 상담주간을 놓칠 뻔했네."

고1인 진수는 학교에서 내주는 가정통신문을 엄마에게 안 보여준 지 오래되었다. 학교 일이라면 물불 안 가리고 나서는 엄마가 불편하기 때문이다. 더군다나 담임선생님과 상담이 있는 날이면 미주알고주알 자신에 대해 고해성사를 하듯 모든 걸 말해 버리는 엄마다.

중학교 3년 내내 엄마는 학기 초 어김없이 담임선생님과 상담하며 유치원 때부터 아들에게 어떤 일이 있었고 집안에서 어떻게 생활하고 누구랑 친했었는지 다 털어놓는 통에 담임선생님을 대하기가 너무 부끄러웠다.

"담임선생님이 너를 잘 아셔야지. 엄마는 다른 거 없어. 더도 덜도 말고 너를 있는 그대로 봐줬으면 하는 마음이지."

진수도 사춘기를 겪으면서 말하고 싶지 않은 자신의 과거도 있고 예전과는 많이 달라졌다고 생각하는데 엄마가 학교에 다녀가시고 나면 자신이 그냥 철부지 어린아이로 비춰지는 것 같아 힘들다고 했다. 그래서 '제발, 엄마가 학교에 오지 않으면 좋겠다.'고 생각하며 고등학생이 되어서는 가정통신문을 철저히 차단했는데 어떻게 아셨는지 이번에도 어김없이 엄마는 담임선생님과 상담을 신청했다.

아이들은 학교에서 새로운 관계 형성에 큰 의미를 둔다. 같은 학교, 같은 반 친구라도 매년 새롭게 형성되는 학급 친구, 선후배, 선생님과 어떤 의미로 관계를 맺느냐에 따라 자신의 위치를 재규정하고 입지를 다진다. 그래서 학교는 그들에게 어른들의 직장과 같은 개념으로 받아들여지므로 여기에 부모가 개입하는 상황을 절대 원치 않는다. 자의든 타의든 자율적이고 독립적인 자신만의 공간이기를 원하는 것이다.

초임발령을 받고 학기 초에 진수어머니와 같은 학부모를 만났다. 중1 남학생을 맡고 있고 첫 제자들이라 나 또한 과한 집착이 있었는지 자녀의 사정을 상세하게 털어놓는 어머니 이야기를 진지하게 경청했다. 두 시간 가까이 쉬는 시간도 없이 진행된 상담, 아니 일방적으로 듣기(?)에 가까웠던 시간이 지나고 어머니는 '우리 아이가 이런 삶을 살아서 어떤 면에서는 부족함이 분명히 있겠지만 담임선생님께서 잘 이끌어주시길 바란다'는 메시지를 남기고 돌아가셨다. 우리 반 35명 중에 한 명을 완전히 알았다는 착각으로 한 학기를 보냈지만 이상하게도 1학기가 정리되는 시점에서도 그 학생은 자기를 너무 아는 나와 절대 가까워질 수 없다는 듯 주변만 맴돌았다.

부모는 소극적이고 표현력이 부족한 자녀를 대신해 담임교사에게 자녀에 대해 최대한 많은 정보를 제공하려 하지만 도리어 교사와 학생 간의 자연스러운 관계 형성을 방해하는 결과를 초래하기도 한다. 학생은 자신을 속속들이 알고 있는 교사 앞에서 말과 행동이 불편했을 것이고 교사의 입장에서도 선입견을 가지고 행동과 결과를 판단할 수 있다. 서로 모른 채 진솔한 대화를 나누고 알아갔다면 부모의 시각이 아닌 인간 대 인간으로 학생을 이해하고 친해졌을 것 같다는 아쉬움이 남았던 한 학기였다. 자녀 알리기에 적극적이었던 부모의 의도와는 다르게 자녀의 내적동기를 훼손시키는 상황의 연출이 되고 만 것이다.

부모는 집 밖에서 특히 학교에서 자녀가 받는 평가에 민감하다. 부모의 시야를 벗어나 부모가 방패막이 될 수 없는 상황에서 좋은 평가를 받고 이해받는 사람이길 바란다. 그러기에 자녀의 결점이 고스란히 노출되는 학교에 방문하여 담임교사를 만나고 상담을 한다는 것은 매우 부담스러운 일이다. 그럼에도 일 년에 한 번이라도 담임교사와 대면하여 허심탄회하게 상담을 하고 싶은 마음이 앞서는 까닭은 자녀의 학교생활의 중요성 알고 있음이고 아이 미래에 영향을 끼치는 중요한 과정에 놓여 있기 때문이다. 망설임 끝에 만난 아이의 담임이지만 왠지 어렵고 자기 자녀에 대해 흉허물을 터놓고 이야기한다는 것이 쉽지가 않다. 마치 자신의 치부가 드러나는 것 같기도 하기 때문이다.

반면 아이는 상담을 통해 사소한 것이라도 학교에서의 일이 가정에 흘러 들어가는 것을 상당히 불쾌하게 여긴다. 심지어 교칙을 어겨 징계를 받게 되어도 담임교사를 통해 부모에게 알려지는 상황을 매우 불편하게 생각한다. 자율적으로 결정하려는 청소년기의 특성이다. 자신의 일인데 부모가 알고 간섭하거나 제지하는 것도 싫고 비밀로 하고 싶은 일들이 적나라하게 '보호자'에게 일일이 보고되는 것을 거부하는 것이다.

"내 마음대로 되지 않는 것이 자식이다."

많은 학부모들이 자녀교육에 대한 하소연을 하며 내뱉는 말이다. 차라리 자기가 대신해 줄 수 있는 것이라면 이렇게 답답하지는 않겠다는 것이다. 상담을 하다 보면 그런 무거운 마음과 고충이 나에게도 전달되어 느껴진다. 학생들을 지도하는 입장에서 자녀교육의 해답을 구하려는 것 자체가 무의미한 것일지도 모른다. 자녀문제에 딱 맞는 정답이 있을 리 만무하기 때문이다. 그렇다고 손 놓고 있을 수도 없어서 아이들의 건강한 내적동기를 자극하기 위해 어른들이 무엇을 해야 할까를 고민하는 것이다.

자녀에 대해 많은 이야기를 털어놓고 싶어 하는 부모들은 가정에서 자녀와 대화가 부족하거나 부모가 원하는 방향으로 자녀를 리드하려는 성향이 강하다. 사춘기에 접어든 자녀가 밖에서의 일을 스스로 털어놓지를 않으니 답답한 마음이 앞서고 공부와는 점점 거리가 멀어지니 두려움이 그 배경에 깔리는 것이다. 그래서 지푸라기라도 잡는 심정으로 상담을 하지만 정작 자녀의 학습 습관, 친구관계, 성향 등을 위한 내용이라기보다 과거지향적인 부분에 치중할 때가 많다. 자녀가 유치원과 초등학교 시절 부모 말 잘 듣고 고분고분했던 모범생 시절을 되새기는 것이다.

과거 지향적인 부모일수록 담임교사에게 자녀에 대한 스토리를 충분히 어필하면 교사가 자녀를 이해하는 데에 큰 도움이 될 것이라고 믿는다. 하지만 교사의 입장에서 모르는 게 약일 수도 있다. 교사가 학생의 과거를 너무 많이 아는 것이 무의식중에 고정관념을 통해 잘못 판단할 위험이 있기 때문이다. 앞에서도 언급했듯이 교실 상황에 따라 역동적으로 변하는 아이들과 교사가 자연스럽게 래포rapport를 형성하는 것이 더욱 중요한 일이고 그것이 학생 지도에 유용하게 작용한다.

최인철의 『프레임』 책에서는 '세상을 바라보는 마음의 창'을 프레임Frame이라고 정의하고 우리 각자는 사신만의 프레임을 통해서 살아간다고 말한다. 그래서 같은 영화를 보더라도 각자가 보고 느끼는 것이 다양하고 완전히 다른 평가를 내릴 수도 있다는 것이다.

누군가에 의해 평가되는 내용은 평가자의 프레임을 드러낸다. 주관적이기 때문에 우려되는 부분도 있으나 교사는 최대한 객관적인 프레임을 가지려 노력한다. 실제로 교육과 훈련을 통해서 애쓰는 부분이다. 그런 의미에서 부모를 통해서 아이들의 정보를 제공받는 것보다 아이들의 직접적인 말, 행동을 통해 알게 된 내용이 더 의미가 있다. 교사는 스토리만 접하는 것이 아니라 아이들의 말투, 표현, 상황을 복합적으로 전달받을 수 있기 때문에 그 아이들의 프레임을 이해하는 데 큰 도움이 된다. 교사가 학생의 프레임을 이해한다는 것은 학생의 내적동기를 자극하고 그에게 필요한 요소를 찾는 데 결정적 효과를 불러올 수 있다.

프레임의 개념이 없었던 새내기 교사 시절, 수없이 많은 시행착오를 겪으면서 무분별하게 접하게 되는 학생들의 정보를 민감하게 받아들였다. 정보를 나름대로 꼼꼼하게 정리해서 적용했는데 오히려 그 부분이 아이들에 대한 선입견을 갖게 되는 악영향을 주었다.

이제는 새 학기가 되면 학생들의 사전 정보를 미루는 편이다. 같은 학생의 동일한 상황이라도 다양한 교사의 관점에 따라 '문제인 상황' 또는 '대수롭지 않은 상황'으로 여겨질 수 있다는 사실을 경험을 통해 배웠기 때문이다.

자녀가 학교생활을 잘하기를 바라는 부모의 마음이 절실하다는 것은 이해한다. 그러나 가끔은 한 발짝 떨어져 지켜볼 때 더 잘 보이는 것처럼 자식이라도 적당한 거리를 유지할 필요가 있다. 인간에게는 모두 각자의 세계가 있다. 부모가 자녀의 세계를 인정하고 존중할 때 진심 어린 응원이 나오고 관계도 돈독해진다.

26

사랑한다면서
왜 응원해주지 않나요?

재민이는 학교에서 학생회 임원이다. 솔직히 공부에는 흥미가 없지만 학교행사가 있으면 자신의 존재감을 마음껏 펼칠 수 있어 신이 난다. 오늘은 일 년에 한 번밖에 없는 체육대회 날이라서 새벽부터 분주하다.

"체육대회는 너 혼자 준비하냐? 공부를 그렇게 열정적으로 했으면 벌써 전교 일등도 했겠다."

부모님은 공부는 뒷전이고 학교행사에 혼신의 힘을 다하는 재민이가 못마땅하다.

"이런 것도 다 공부라고요, 이것도 아무나 하는 거 아니에요!"

재민이는 반복되는 엄마와의 실랑이를 뒤로 하고 집을 나섰다.

선후배들이 등교하기 전에 이것저것 준비하느라 정신없는 재민이. 체육선생님을 도와 운동장에 선도 그어야 하고 본부석에 세팅도 해놔야 하고 바쁘다. '엄마는, 내가 학교에서 얼마나 열심히 하고 있는지 알지도 못하면서….' 바쁜 와중에도 아침에 잔소리하던 엄마 모습이 떠나지 않는다.

재민이처럼 학교생활에 매우 적극적인 학생들은 사교적이고 리더십이 있다는 평가를 받는다. 아마도 이런 재민이의 특성은 하루아침에 형성된 것은 아닐 것이다. 성장과정에서 부모 또는 여러 환경의 영향으로 형성된 모습이겠지만 열성적으로 적극 참여하는 모습이 공부가 아닌 체육대회라는 것이 부모입장에서는 못마땅하기만 할 뿐이다.

어른들과 마찬가지로 아이들도 외부에서의 평가에 신경을 많이 쓴다. 솔직히 말해서 무엇을 해도 응원보다 지적을 많이 하는 가족의 평가보다 자기 능력을 객관적으로 평가받는 것이 좋다. 가정에 의미를 두지 않는다는 것이 아니라 가족이라는 울타리에서 벗어나 인정받고 싶은 마음의 발현인 것이다. 재민이의 경우도 성적을 떠나서 체육대회는 자신의 역량을 마음껏 발휘할 수 있는 절호의 기회라고 여긴다. 학교에서는 재민이의 활동성을 높이 평가하지만 부모의 입장에서야 성적과 연관을 짓게 되고 그런 부모가 재민이는 불만인 것이다.

하임 G. 기너트는 『부모와 십대 사이』에서 '모순된 메시지'를 언급했다. 즉, 무엇이든 열심히 하는 자녀의 모습을 원하지만 그것이 공부가 아니라는 것에 실망해서 비난하게 된다는 것이다. 공부를 열심히 하길 바라는 부모의 마음을 무시할 수는 없지만 부모가 이중적인 모순된 메시지를 던지는 순간, 자녀는 부모에 대해 '말 안 통하는 사람'으로 치부해 버린다.

경은이 부모님은 맞벌이를 하신다. 경은이가 학교 가기 전에 출근해서 밤늦게 퇴근을 하시니 동생 경훈이는 항상 경은이가 챙겨야 한다. 고2인 경은이는 이제 중1인 남동생 경훈이를 챙기는 것이 버겁지만 어쩔 수 없는 집안사정이라고 생각하고 묵묵히 해오고 있다.

그런데 어느 날, 연락도 없이 동생이 밤 열 시가 되도록 소식이 없었다. 평소보다 일찍 퇴근하신 부모님은 여기저기 수소문하며 경훈이가 있을 만한 곳들을 알아보셨다.

"너는 동생 하나 못 챙겨서 이 사단을 만드니? 동생이 집에 왔는지 안 왔는지 챙기는 게 그렇게 힘들어?"

친한 친구 영미가 방과 후 서점에 함께 가자고 한 것도 거절하고 집으로 바로 왔는데 경은이는 눈물이 쏟아질 것만 같았다. 하지만 경훈이가 집에 계속 안 들어와서 섭섭한 내색을 할 수도 없었다. 이를 악 물고 눈물을 참고 있는데 초인종이 울렸다. 너무나 다행스럽게도 동생 경훈이었다.

"죄송해요. 친구와 PC방에 갔다가 그만…. 시간이 이렇게 됐는지 몰랐어요."

부모님은 동생을 혼내면서 그래도 안도의 한숨을 내쉬셨다. 경은이는 방으로 들어가 책상 앞에 앉았다. 서운함이 밀려오면서 동생 경훈이를 한 대 쥐어 박아주고 싶었다. 그러면서 자신은 이 집에서 도대체 어떤 존재인가라는 생각이 들었다.

늦은 귀가를 알리지 않은 동생의 잘못이 크지만 경은이는 그동안 자신의 수고와 노력이 물거품이 되는 것 같아 서운했다. 맏딸로 살면서 스스로 결핍을 경험하고 동생에 대한 책임과 부담을 갖고 사는데 이러한 것들을 알아주지는 못할망정 묵살을 당하니 화가 치밀었다. 가출을 할까, 울며불며 하소연을 할까 그래봤자 달라질 건 아무것도 없다는 생각에 서글퍼졌다.

"열 손가락 깨물어 안 아픈 손가락 없다."는 속담 속 부모의 마음은 우산장수와 짚신장수 두 아들을 둔 어머니의 이야기에 잘 담겨 있다.

어머니는 햇빛이 쨍쨍한 날은 우산장수 큰아들이 장사가 안 될까 걱정하고, 비가 와서 땅이 질퍽한 날에는 짚신장수인 작은아들의 장사가 안 될까 걱정한다. 날씨가 맑든 흐리든 두 아들 걱정에 한숨과 눈물이 마를 날이 없다. 이를 답답하게 여긴 어느 행인이 조언을 해주었다.

"맑은 날에는 짚신이 잘 팔려 작은 아들이 좋고, 흐린 날에는 우산이 잘 팔려 큰 아들이 좋으니 맑은 날도 흐린 날도 좋은 날이네요."

부모에게는 어느 자식 하나 마음 놓고 지켜볼 수 없는 법인데 이를 몰라주고 대거리하는 자녀가 철없게 느껴지는 것은 당연하다. 일일이 다 설명할 수는 없으니 눈으로 보이는 만큼만이라도 자녀가 이해해 주기를 바라는 것이 부모 아닌가.

데일 칼슨의 『내 마음을 찾습니다』 책에서는 인간과 같은 사회적 동물은 가족의 유전자가 보전되도록 하기 위해 가족을 더 좋아한다고 한다. 그래서 혈족이 아닌 사람보다 혈족에게 훨씬 더 많은 연민과 신뢰를 가진다는 것이다. 특히 부모는 유기체 중에서 덜 이기적이어서 음식물을 나누고 시간을 투자하며 자식을 위해 헌신한다.

우리는 가족으로부터 세상과 관계 맺는 법을 본능적으로 익히고 다양한 감정을 경험한다. 하지만 친구를 만나고 관계가 확장되면 가족보다 친구, 제3자에게 감정을 집중시키기 때문에 부모가 알던 자녀는 어느새가 훌쩍 커버려 다른 사람처럼 여겨지거나 자녀의 생각과 감정을 판단하는 데에 오류를 범하는 상황에 직면하게 된다. 부모는 내 뜻대로 되지 않는 자녀에게, 자녀는 자신을 응원하기는커녕 비난하는 부모에게 서운한 마음이 생기는 것이다.

우리는 어떤 상황에 닥치면 무의식적으로 자신의 결백함을 증명해 보이거나, 문제로부터 자신을 보호하려는 본능이 있다. 하지만 가족 간에는 이런 자기보호 본능이 작용하는 것보다 서로를 걱정하고 위로하는 사랑이 싹터야 한다. 그것을 서로가 느낄 수 있게 행동하는 것이 중요하다. 하지만 모두 알고 있지만 실천이 안 되는 실천하기 어려운 난제다.

자녀는 부모의 사랑을 갈구하는 한편 부모의 사랑을 집착 내지는 간섭으로 폄하하기도 한다. 절대적으로 부모 사랑의 본질을 호도하게 그냥 두어서는 안 된다. 자식 잘 되기를 바라는 한결같은 마음이 자녀에게 잘 전달될 수 있도록 부모의 입장에서 노력해야 한다. 그러기 위해 자녀를 위한 시간을 바쁜 와중에도 특별히 내야 하며, 말이 안 통하더라도 대화의 기회를 만들어야 하고, 자녀의 관심을 꿰뚫어 작은 선물이라도 하면 좋다. 절대적으로 서로에게 익숙하다는 이유로 소홀하게 대하면 안 된다. 잘 알기 때문에 간과해서도 안 된다. 가족이라는 프레임 안에서는 서로의 마음을 더 소중히 여겨야 한다는 것을 부모는 명심해야 한다.

27

엄마라는 울타리에서 벗어나고 싶어요

"몰라! 엄마는 모르면 좀 가만히 있어!"

미연이는 오늘도 엄마에게 짜증을 내버렸다. 요즘 들어, 특히 엄마에게 짜증이 나고 불쑥 화를 내버리는 미연이는 문을 쾅! 닫아버렸지만 마음이 편하지 않다.

"엄마가 미안해."

문 밖에서 엄마의 풀 죽은 목소리가 들렸다. 미연이는 눈물이 났다. 하지만 미연이는 마음과 다르게 신발을 재빨리 챙겨 신고는 "나갔다 올게!"라며 차갑게 집을 나와 버렸다. 마음 여린 엄마 때문에 마음이 더 불편했기 때문이다.

미연이가 잘못한 상황에서도 엄마는 어찌할 줄 모르며 힘들어하는 모습을 보인다. 엄마에게 먼저 죄송하다고 말해야 하지만 입은 떨어지지 않고 엄마가 먼저 '미안해'라고 하면 미연이는 자신도 모르게 짜증이 난다. 진짜 못된 사람이 된 거 같아 죄책감이 든다.

어렸을 때 미연이는 엄마 껌딱지라고 불릴 정도로 항상 엄마 뒤를 졸졸 따라다녔다. 초등학생 때만 해도 친구와 있었던 사소한 일까지도 시시콜콜 얘기할 정도로 엄마바라기였던 미연이었다. 하지만 이제는 상황이 바뀌었다. 가끔은 엄마가 남보다 못하다는 생각이 들기도 한다. 그럴 때마다 자기가 정말 나쁜 사람이 되어버린 것 같아 고통스럽다. 고통스러운 만큼 행동은 더 냉정하게, 공격적으로 나와 버리는 상황이 또 혼란스럽다. 미연이는 자기 모습도 엄마 모습도 '너무 짜증난다'며 이렇게 말했다.

"엄마는 마치 제가 무슨 큰일을 저지를 애처럼 대해요. 저는 그렇게 나쁜 애도 아니고 단지 짜증이 닐 뿐인데 말이죠."

십여 년 전, 내가 남학생반 담임을 맡았을 때 어느 학부모로부터 장문의 편지를 받았다. 자신도 교사로서 이십여 년을 사춘기 학생들과 씨름하며 교직생활을 하고 있는데 요즘 아들 선호의 반항적인 행동을 보고 있으려면 너무 막무가내고 잘못한 부분에 대해 지적이라도 할라치면 사사건건 시비를 걸어 대화가 되지 않는다는 것이었다. 자기 자식은 더 잘 알줄 알았는데 더 모르겠다며 하소연하는 내용으로 가득했다. 특히 지금껏 학부모들에게 자식교육 제대로 시키라고 자신 있게 말한 자신이 그런 말을 할 자격이 있는지 자신감도 없어진다는 대목에서 어떤 심정으로 이 편지를 쓰게 되었는지 짐작이 되었다.

우연히 복도를 지나가다가 선호와 마주쳤다. 선호의 어머니로부터 장문의 편지를 받은 터라 선호에게 무슨 고민이라도 있는지 이참에 상담을 해야겠다는 생각이 들었다.

"저와 상담을요? 저 정말 잘 지내고 있는데 혹시 공부 때문이시라면 제가 마음의 준비를 좀 한 뒤에 말씀드려도 될까요?"

해맑게 대답하는 선호의 모습에 마음을 누르고 있던 선호에 대한 걱정은 덜었지만 부모와 자녀가 마치 다른 렌즈로 세상을 보고 있는 것처럼 느껴졌다.

미연이와 선호는 교실에서는 너무나 평범해 보이는 아이들이다. 둘 다 자기주장은 있지만, 억지를 부린 적도 친구와 다퉈 곤란한 상황이었던 적도 없으니 담임교사인 내게는 '착한' 학생들이었다. 어느 날, 미연이가 고민이 있다며 엄마와의 관계를 상담하기 전까지, 선호의 어머니로부터 장문의 편지를 받기 전까지, 이 아이들이 다른 사람에게 특히, 부모에게 그렇게 부담스런 존재인지는 상상도 하지 못했다.

사춘기 십대들의 표현은 어른들이 기대하는 것과 다를 때가 많다. 시키지 않아도 재잘거리며 말을 잘 걸어오던 아이가 어느 순간 대화를 거부하고 마음을 닫아버리기도 하고 자기의 내면을 보이기 싫어하기도 한다. 부모가 눈치 채고 아는 척하면 들켰다고 생각하고 더 비밀스럽게 간직하려 잔뜩 움츠린다. 사춘기 소녀 정윤경이 쓴 『십대가 진짜 속마음으로 생각하는 것들』에는 엄마가 공부보다 더 힘든 이유를 이렇게 말한다.

"나와 엄마의 대화는 항상 공부로 시작해서 공부로 끝난다. 나는 속으로 '쳇'하며 씰룩거린다. 나를 가장 힘들게 하는 것은 엄마의 공부하라는 말이 아니라 공부를 강요하는 엄마의 말투와 행동이다."

어른들의 입장에서 보면 누구나 겪는 사춘기다. 유별날 것도 없는데 자신의 자녀만 유별나게 사춘기를 보내고 있다고 생각한다. 퉁명스럽게 대꾸하고 이유를 물으면 마구잡이로 쏘아 붙인다. 마음으로 자녀를 이해하려 하지만 바로 코앞에서 민감하게 반응하는 아이를 그냥 두고 보기 힘들다. 윽박도 질러보고 돌아서 한숨도 지어보지만 아이의 반응은 달라지지 않는다. 아이들에게 그 이유를 물어보면 사실 별다른 의도는 없었는데 지적을 받고 나면 뭔가 마음속에서 이유 없는 반항심이 생기고 억울함이 밀려온다는 것이다. 반복되는 지적에는 자신도 모르게 퉁명스러움이 트레이드마크라도 되는 양, 툴툴거리고 감정이 '욱'해져 거친 말이 뱉어진다는 것이다.

십대들은 다른 사람의 도움 또는 충고를 받고 싶어 하지 않는다. 스스로 결정하고 행동하는 과정에서 말이나 행동이 정의롭게 혹은 누구나 인정하는 괜찮은 사람이 되고 싶어 한다. 반항행동은 하면서도 자신의 행동을 스스로 못마땅해 하고 자책한다. 그저 그 순간 통제가 안 되는 것이다. 그러기에 우리는 그들을 '미성년'이라는 범주 안에 넣어두고 보호하는 것 아니겠는가.

다 큰 인간으로 대해주기를 바라는 그들이지만 궁지에 몰리거나 혼자 해결할 수 없는 문제가 발생하면 손짓, 눈짓, 몸짓으로 최선을 다해서 부모에게 SOS를 요청하는 것 또한 그들이다. 우리는 이런 특징을 알고 그들을 지속적으로 지켜봐야 한다.

문제를 해결해야 한다는 관점, 지도하고 가르쳐야 한다는 관점으로 십대 자녀를 대한다면 어느 부모든 벽에 부딪힐 수밖에 없다. 아이가 스스로 마음에 친 철옹성은 쉽게 열리지 않고 무너지지 않는다. 철옹성을 쌓기 전에 부모의 노력이 필요하다. 이제는 부모로부터 심적으로 독립하고 싶다는 욕구가 강한 시기인 만큼 부모 또한 자녀를 대하는 태도를 바꿔야 하는 것이다. 성인이 될 때까지 품안에 품고 있을 수는 없다.

자녀가 자기 주관을 내세우고 자기 의견을 밝히는 것 자체는 존엄한 인격체로 성장해가는 과정이다. 가정에서 자기가 어떤 위치를 차지하느냐에 따라 외부환경을 대하는 태도, 성격을 형성하는 데에 결정적 토대가 된다. 여기에 자기 의지도 많이 작용하지만 부모의 관심과 사랑, 조언은 자녀를 단단하게 만든다.

하지만 지나치면 안 하느니만 못한 결과를 가져오기도 하지만 자녀에 대한 사랑이 기반이 된, 아이를 존중하는 마음이 뒷받침된 잔소리는 그를 단련시키는 작용을 한다.

부모와 자녀는 너무 자세하게, 면밀하게 들여다보려고 속속들이 캐내려고 하지 말아야 함을 당부한다. 애를 쓰면 쓸수록 서로 오해만 깊어지고 의도하지 않게 서로에게 상처를 남길 수 있다. 서로 함께, 서로 말없이 지켜보는 연습이 필요하다.

28

나는 부모님의 희망이
되고 싶지 않아요

추석연휴 저녁, 큰집인 민호네에 온 가족이 모였다. 거실에는 친척 어른들과 사촌동생들이 다과를 나누며 담소를 나누었다.

"민호는 내년에 고3인데 걱정이 많으시겠어요?"

"요즘에는 꼭 전문직이 아니라도 전망 좋은 직업 많잖아요. 민호는 뭐하고 싶어 해요?"

친척들의 화제는 집안의 맏형인 민호에게 집중되었다. 민호는 거실에서 사촌 동생들과 놀아주고 있다가 슬그머니 그 자리를 빠져나왔다. 친척들이 모두 돌아가고 아버지께서 민호를 불렀다.

"민호야, 친척들이 하는 이야기 들었지? 이제 고3이니까 열심히 해. 맏형인 네가 잘해야 동생들도 본받지."

민호는 밀려드는 부담감에 마음이 무거워졌다.

"공부는 잘하니?", "어느 대학에 가고 싶니?" 등 감당이 안 되는 질문 공세가 쏟아지는 친인척 모임은 어떻게든 피하고 싶다. 부모들이 공부라고 하면 왜 두 발 벗고 나서는지, 왜 그렇게 자녀교육에 목숨을 거는 건지, 그것만이 자녀를 사랑하는 최선의 방법인지를 되묻고 싶다.

부모의 자식에 대한 사랑은 '맹목적'이라는 단어가 가장 적확하게 어울린다. 그 원인을 엄밀히 분석하면 부모는 자식과 다른 인격의 소유자이지만 자신의 유전자를 물려받았다는 생물학적 이유로 그들의 삶과 꿈에 간섭하고 주관을 주입하려 든다. 물론 많은 부모들이 자식에게 자신의 뜻을 강요하지 않는다고는 하지만 그들은 부모님이 자신의 삶을 재단하려 든다며 불평하고 무차별적 개입에 저항한다. 서로의 입장 차이라고 하기에는 첨예하게 대립하고 어느 한쪽의 양보가 없기에 합의점도 찾기 어렵다.

부모라면 특히 우리나라처럼 교육열이 높은 국가의 부모들은 자녀가 좋은 대학에 입학해서 성공적으로 사회에 데뷔하기를 바란다. 그런 바람으로 과열된 교육열은 인생에서 성공하려면 다른 사람보다 잘해야 한다는 생각을 갖고 좋은 대학, 대기업, 성공한 인생이라는 이상한 공식을 만들어냈다.

부모세대는 자신들의 경험을 통해 중요한 것이 학벌과 학연이고 어떤 사람들과 함께 하느냐에 따라 자녀의 사회적 위치에 영향을 준다고 믿는다. 따라서 최선을 다해서 자녀를 우위에 두려는 노력을 하는 것이다.

이런 생각의 배경에는 부모가 어떤 환경에 자랐느냐와 관계가 깊다. 나름대로 경제력을 갖춘 부모는 어린 시절부터 힘들었던 자신의 삶을 되짚어보며 자신에게 좋았던 것, 필요했던 것, 하고 싶었던 것들을 모조리 자식에게 물려주고 싶은 마음이 드는 것이다. 자신이 겪은 시행착오를 반복해서 겪게 하고 싶지 않고, 살아보니 좋은 것이 무엇인지 알게 되었다는 확신에서 나온 결과물로 아이들을 양육하고 그 길을 제시한다. 그로 인해 발생되는 자녀와의 갈등을 기꺼이 감수하면서도 자신의 의견을 밀어붙이는 것이다.

주변에서 공부만 아니면 자녀와 다툴 일이 없다는 부모를 많이 만났다. 공부하라는 말을 자녀에게 하려고 하면 마음이 답답해지고 화가 난다는 증상을 호소하는 그들의 마음에는 '자기 앞가림을 잘하게 하려면 어쩔 수 없지, 공부가 아닌 다른 뾰족한 수도 없으니…'라는 자기 모순적 메시지가 가득 차 있다. 또한 '내가 왜 이 고생을 하는데, 나 자식 때문이지.'라며 부모로서 자신의 삶을 한탄하기도 한다. 아무개 아들 혹은 딸이 명문대에 입학했다, 대기업에 들어갔다는 소식이 들리기라도 하면 부모의 마음은 더 조급해진다. 공부하라는 것만으로도 부담인데 부모의 개인적인 바람까지 더해서 전하고 있으니 그 말을 듣는 자녀들의 고통은 가중되는 것이다.

"네가 나의 희망이야!"

부모의 이런 말이 자녀들에게는 어떻게 들릴까. 자녀의 숨구멍을 틀어막는 말은 아닌지 생각해 봐야 한다. 7년 전, 수능시험이 끝나고 끔찍한 살인사건이 알려졌다. (실제 사건이 3월에 일어났고 8개월 방치된 후 세상에 알려졌습니다) 우등생이었던 아들이 너무나 헌신적이었던 자신의 어머니를 살해한 것이다. 남편과 별거 중이었던 그의 어머니는 오로지 아들에게 자신의 모든 것을 걸었다. 아들이 일류대학에 들어가는 것, 남들 보란 듯이 잘 키워내는 것이 그녀의 목표였다. 아들의 오르락내리락하는 점수 1점에 일희일비하며 다그쳤다. 처음에는 엄마의 요구대로 잘 따르던 아들은 점점 지쳐갔고 의지를 잃어갔다. 결국 성적은 터무니없이 떨어졌고, 실망한 엄마는 아들을 폭행했다. 결국 더는 참을 수 없었던 아들의 선택은 비참하게 끝나고 말았다.

매우 안타깝게도 그 우등생 아들은 자신의 어머니에 대한 분노, 두려움뿐만 아니라 연민, 존경의 감정도 함께 가지고 있었다고 한다. 〈부모 vs학부모〉에서 다룬 그 학생에 관한 스토리를 접하며 공부가 무엇이기에, 부모의 자녀에 대한 '기대'가 도대체 무엇이기에 밖에서 멀쩡해 보이는 우등생을 괴물로 만들었는지 혼란스러웠다. 하지만 그 학생은 건널 수 없는 강을 건너버렸고 세상은 그를 더 이상 우등생이 아닌 괴물로만 기억할 뿐이다.

너와 나는 '우리'를 만드는 소중한 요소이지만 그 대상이 부모, 자식으로 한정되는 순간 자녀들에게는 엄청난 부담이 엄습한다. 그 안에 담긴 '소망'을 알기에, 그것을 이루어내야 할 주체가 자신임을 알기에 그들은 이런 표현에 매우 난감해한다. 자신의 감정(좋든 나쁘든 간에)을 절제해야 하고 부모님이 만족할 만한 노력과 결과를 보여주지 않으면 곧 불효자가 되는 것임을 알기 때문이다.

부모가 원하는 희망은 무엇일까? 남들만큼 해주어야 한다는 생각, 남들만큼 잘살아야 한다는 목표의식은 부모세대가 힘든 삶을 살아오면서 터득하게 된 생존법이다. 눈앞의 자녀는 부모에게 숙제와 같다. 내 마음대로 되지 않는 자식 때문에 괴롭다는 부모도 많지만 그들의 속마음은 누구보다 소중한 존재이기에 내 것을 모두 주어도 더 주고 싶은 자식사랑을 내포하고 있다. 그 사랑을 받는 자녀들이 버겁지 않도록 해야 한다. 있는 그대로 봐주고 인정하는 것이다. 부모들도 모두 살아봤던 십대의 시절을 이해할 수 있지 않은가.

자신이 낳았다고 해도 자식이 '나'는 아니다. 다른 존재임을, 누구에게든 존중받아야 할 존재임을 깨닫자. 가장 사랑하는 사이에서 서로가 서로에게 '희망'고문하는 일은 없어야 한다.

아이들이 자신의 미래를 결정지을 수 있는 첫 번째 단계에서
자신의 가능성과 역량을 충분히 발휘하는 것을 우선순위로 두는 것도
인생의 큰 그림을 그리는 데 매우 중요하다. 혼자 고민하기보다
주변에 도움을 요청하고, 물어보고, 조언을 구한다면
건강하게 성장하고 있다는 것의 반증이다.

이성 친구

나를 설레게 하는
그 애가 좋아요

29

외로움을 달래줄
이성 친구가 필요해요

인간의 감정은 다양하다. 사람마다 감정을 표현하는 방법과 기술도 각기 다르다. 예를 들어 외로움이라는 감정을 어떤 단어나 문장으로 적확하게 나타내기도 어렵고, 외로움의 정도를 실측할 수도 없다. 그 깊이나 무게감이 다르기 때문이기도 하지만 감당할 수 있는 정도도 상황과 처지에 따라, 아니면 조건에 따라 다르게 반응이 나타난다는 이유로 설명할 수 있겠다. 그런데 거부하고 싶지만 누구든지 불시에 느낄 수 있는 감정이 '외로움'이다. 군중 속에서도, 화려한 삶에서도 외로움은 불쑥 찾아온다.

한자로 사람 인(人)의 의미를 '서로 지탱해주며 살아가는 존재'라고 풀이한다. 아리스토텔레스가 말한 것처럼 사람은 혼자가 아니라 더

불어 살아가는 사회적 존재라는 말과 일맥상통한다. 그래서 우리는 서로 함께 하며 서로를 지지하는 동시에 '나'에 대해, '존재'에 대해 끊임없이 반문하는 것은 아닌가 싶다. 그리고 서로 다른 무게를 느끼는 감정들을 나누며 서로에게 지지대가 되어주며 더불어 사는 즐거움을 느끼는 것 같다. 이는 외로움을 이기는 혹은 견뎌낼 수 있는 방법이기도 하다.

진경이는 무남독녀 외동딸이다. 어렸을 때부터 부모님의 관심을 한 몸에 받았고 할머니도 진경이라면 끔뻑 넘어가실 정도로 사랑을 듬뿍 주셨다. 하지만 고등학생이 된 후 빡빡한 학교생활 때문인지 공부에 대한 스트레스 때문인지 뭔가 자신의 기분과 감정을 공유할 사람이 없다는 생각이 든다. 부모님이 자신을 얼마나 사랑하는지 잘 알지만 이제는 모든 걸 부모님께 털어놓기도 민망하다. 문득 혼자라는 생각에 외롭다.

사춘기 십대들은 가정에서 이뤄지는 대화가 더 이상 자신을 완벽히 만족시킬 수 없다는 것을 본능적으로 느끼고 세상으로 눈을 돌리기 시작한다. 세상에 자기 자신을 던져 끊임없는 실험과정을 겪는 것이다.

가정이라는 테두리를 벗어난 십대들은 표면적으로 수많은 친구들과 인맥에 노출되어 있고 끊임없이 관계 맺음을 위해 애쓴다. 자신의 생각과 삶을 여과 없이 SNS상에 공유하고 '좋아요'와 수많은 댓글로 자신의 인간관계를 확인한다. 혹은 내가 얼마나 잘 살고 있는지, 얼마나 인기 있는지를 암묵적으로 알리기 위해 SNS를 활용하기도 하고 친구의 범위를 확장해 많은 사람들로부터 관심받기 위한 방법으로 활용하는 것이다.

하지만 실제로 SNS상에서는 인기가 있지만 '진짜' 대화를 할 수 있는 친구는 없다고 밝힌다. 인터넷상의 친구는 마음을 나누는 것이 아닌 형식적 친구 사이라는 것이다. 매일 올라오는 친구들의 프사(프로필 사진), 상메(상태메시지)가 바뀌는 것도 확인해야 하고 친구들과의 단톡에도 일관되게 침묵할 수 없다. SNS상 관계의 형성은 서로 관심을 주고 받는 것이기에 좋아요를 눌러주는 등 '내가 보고 있고 너에게 관심 있다'는 표시를 해주어야 한다. 그래야 상대도 내 SNS에 관심을 표한다. 지극히 상부상조 정신이다.

엄청난 속도로 많은 양의 메시지를 주고받는 그들이지만 자신의 생각을 표현하고 상대방의 마음을 읽기에는 부족해 보인다. 사람이라면 본디 얼굴 맞대고 서로의 눈빛을 확인하며 대화를 해야겠지만 각자 너무 바쁜 일상과 스케줄에 얼굴 볼 일이 줄어드는 사회현상은 스스로를 더욱 외롭게 만들어버린다.

사춘기 십대들은 부모, 가족보다는 '친구'가 먼저다. 내가 누구인지를 알아가고 탐색하는 과정에서 그들은 주변인의 모습을 통해서 자신을 이해하고 자신의 현실을 받아들이는 경향이 짙다. 그래서 무엇보다도 말 통하는 또래로부터 인정받고 싶고 그들과 정보를 교환, 공통점을 찾아가며 스스로 외롭지 않은 존재임을 확인하는 반면, 역시 자신은 말 통하는 사람이 없다며 외로움을 자처하기도 한다.

『부모와 십대 사이』에서도 언급했듯이 많은 십대 아이들은 자신이 품고 있는 불안, 의혹들을 매우 개인적인 것으로 여겨 두려움을 느끼고 고통을 받는다. 이로 인해 세상으로부터 고립될 수 있다는 위기의식을 갖게 되고 주위에 있는 이성 또는 동성친구에게 의존 내지 밀착하여 그 불안감을 해소하려 든다. 친구를 통해 외로움을 극복하고자 하는 것은 당연한 모습으로 자기가 품고 있던 두려움이 나만의 것이 아니라는 사실을 깨달을 수 있는 기회가 되기도 한다. 하지만 그 공감대의 공유는 서로 맹목적으로 집착하게 하고 판단 능력을 흐트러뜨린다. 특히나 이성 간의 공감대 형성은 위험요소를 안고 있는데 돌이킬 수 없는 실수로 이어지기도 한다.

십여 년 전, 교과담임으로 만났던 성주가 고등학교에 진학하고 몇 년 뒤, 고3 졸업을 앞두고 자퇴를 했다는 소식을 접했다. 성주는 학교에서 여자친구를 사귀었는데 여름방학을 앞두고 여자친구의 임신을 알게 되었고 한바탕 난리(?)를 겪으며 자퇴를 결정했다고 했다. 성주가 힘들 때 여자친구가 곁에서 힘이 되어주었던 것 같다. 자기 행동에 책임을 지려는 성주가 어딘지 모르게 든든했지만 인생에 있어서 후회하는 일이 아니기를 바랄 뿐이었다.

십대의 감정, 그중 외로움에 조금 더 관심을 가지고 접근해야 한다. 아동기, 청소년기, 어른이 되어서 느끼는 외로움의 정도는 모두 다르다. 외로움이 느껴지는 순간에는 나이가 많든 적든 세상에 혼자인 것만 같고 버티기 힘든 감정 상태를 경험한다. 청소년기의 외로움은 극한이다. 감정의 기복이 심할 시기이고 자기의 감정을 다스리는 연습이 안 되어 있다. 또한 감정을 잘 해소하는 적당한 방법을 찾지도 못한 채 혼자 전전긍긍한다. 자칫 잘못된 판단과 선택이 뒤따를 수도 있다.

우리 십대들에게 외로움의 이면에는 행복이란 선물이 포장에 싸인 채 놓여 있다는 사실을 알려주면 좋겠다. 외로움을 느끼는 사람은 외로움을 해소할 뭔가를 찾기 원하는데 운동이나 여행, 독서, 대화 등이 선물이 될 수 있다. 자신에게 맞는 취미활동을 통해 즐거움을 느낄 수 있다. 적극적으로 몸을 움직이거나 열정적으로 취미활동에 매달리다 보면 부정적 감정은 날려버릴 수 있다.

아이들은 성장해가면서 외로움에 대처하는 자세도 발전한다. 중요한 것은 매순간의 외로움을 회피할 필요는 없다는 것이다. 외로움에 직면했을 때 자신을 아는 시간으로 여기며 고민하되 순간의 감정에 휘둘리지 않도록 곁을 지켜주어야 한다. 외로움은 혼자 남겨진 절망이 아니며 인간이라면 누구나 느끼는 자연스러운 것임을 받아들이면 더욱 성숙해질 수 있다.

30

연애하는 친구들이
부러워요

사춘기 십대들은 부모로부터 벗어나 친구들을 통해 자신을 바라보며 자기 삶의 목적이나 가치관을 재정의하고 재구성한다. 그래서인지 그들은 자기주관에 집중하고 자기감정에 충실하게 행동한다. 옆에 누가 있느냐에 따라 즉흥적인 반응을 보이기도 하고 때로는 어디로 튈지 모르는 탁구공처럼 중구난방으로 행동하며, 다양하고 복합적인 감정으로 혼란스런 자신의 마음을 다스리지 못할 뿐 아니라 스스로도 감당하기 어려워한다.

점심시간을 알리는 종이 울리자마자 무섭게 급식실로 향하는 학생들. 태원이도 본능적으로 급식실로 질주한다. 종혁이는 태원이의 절친이다. 예전 같으면 점심시간에 같이 농구도 하고 함께 신나게 급식실로 향했겠지만 언제부턴가 점심시간에 종혁이 얼굴보기가 쉽지 않다. 얼마 전부터 같은 반 송희와 종혁이가 사귀기 때문이다. 종혁이가 연애하기 전에는 연애하는 친구들이 티내는 것을 대놓고 유치하다며 비웃었는데 이제는 그럴 수 없다. 자신이 마치 연애도 못 하는 패배자라는 생각까지 들기 때문이다. 종혁이는 다른 친구들과 다를 줄 알았는데 여자친구가 생긴 뒤부터 친구라고 부르기에 민망할 정도로 거리가 느껴진다.

연애하는 친구들은 꼭 티가 난다. 고1 때는 '꼭 저렇게 티를 내야 하나?'라고 생각했는데…. 이제 태원이는 자기도 여자친구와 같이 점심도 먹으면서 학교생활을 즐겁게 하고 싶다는 생각이 든다. 종혁이의 연애담만 들어도 태원이는 설렌다. 늘 함께 다녔던 친구가 여자친구에게 관심을 쏟으니 친구의 부재가 느껴지고 자신에게도 이성 친구가 있으면 좋겠다는 생각이 든다.

친구를 통해서 자신을 바라보는 십대들의 모습이다. 친구와의 관계, 친구 사이의 유대감으로 간접적 경험을 하고 따라서 감정이 풍요로워지는 것이다. 하지만 단지 부러움을 이유로 시작하는 이성교제는 바람직하지 않다는 사실도 알고 있고 마음먹은 대로 쉽게 되지 않는다는 것도 잘 알기에 주저하게 된다. 십대의 감정이 복합적이면서도 즉흥적인 이유로 연애 자체에 목적을 가진 만남은 서로에게 좋은 영향을 주기 힘들기 때문이다.

아리스토텔레스는 "친구가 없으면 다른 모든 좋은 것을 가지고 있다 할지라도 살고 싶지 않을 것이다."라고 했다. 특히, 십대에게는 아리

스토텔레스의 말이 정곡을 찌른 듯 와 닿을 것이다. 십대들은 친한 친구가 연애를 시작하면 무언의 상실감을 느낀다고 한다. 친구가 곧 나와 한 몸인 것처럼 친구관계에 목숨을 걸었는데 그 친구의 시선과 생각이 다른 곳을 향해 있다는 것을 태연하게 받아들이기 어려운 것이다. 친구가 이성으로부터 인기가 많다든지, 인정을 받으면 부러운 건 당연하다. 하지만 부러움을 쉽게 인정하기에는 뭔가 억울하기도 하고 자존심이 상한다고 여긴다.

나도 고등학교 때 짧은 연애를 한 적이 있었다. 사실 연애라고 하기엔 뭔가 어설프긴 했지만 함께 영화를 보고, 일상을 이야기하고 가끔 전화하는 재미에 빠졌었다. 함께 영화를 보고 대화를 하며 '얘는 이런 걸 좋아하는구나, 이런 애구나.'라는 생각을 했었다. 그리고 무엇보다 그 친구와 함께 있는 것 자체가 좋았고 친구들로부터 부러운 눈빛을 받는 것이 뿌듯했다. 그래서일까? 깃털처럼 가벼웠던 니의 연애는 두 달을 넘기지 못한 채 아쉽게 끝났다. 요즘 학생들의 매우 짧은 연애에 기가 막힌 적이 많았는데 뒤돌아보니 나 역시 매우 짧은 연애의 경험이 있었다는 것이 놀랍다.

나는 그 시절, 친한 친구들이 "나도 너처럼 연락하는 남자친구가 있었으면 좋겠다, 부럽다."는 말을 듣고 솔직히 남자친구보다 그렇게 말해주는 친구들이 있어서 더 신났었다. 가벼웠던 나의 연애는 끝이 나고 그 남학생과 무슨 얘기를 어떻게 했는지는 선명하게 기억나지 않지만 매일 나의 연애사를 듣고 싶어 궁금함을 쥐어짜던 친구들의 모습은 지금도 눈에 선하다. 나는 어쩌면 남자친구라는 존재보다 친구들과 함께 그 상황을 즐겼던 것은 아니었을까.

사람들은 같은 상황에서도 서로 느끼는 감정이 다를 수 있다. 기쁨, 슬픔의 장면도 어떤 이에게는 절절하게 와 닿지만 또 어떤 이는 시큰둥하게 받아들인다. 그래서 다른 사람의 감정도 배우고 인정해야 한다. 좋은 영양분을 지속적으로 받는 식물처럼 우리 마음도 지속적으로 가꾸어야 풍요로운 인간이 될 수 있다. 아이들이 감정을 느끼고 표현하는 것은 결코 부끄러운 일이 아니다. 여중·여고를 다녔던 나는 '이성'이라는 새로운 대상에 눈을 뜨면서 꼭 다른 세상의 인류를 만난 것처럼 색다른 감정에 매료됐었다. 동성 친구들에게서는 느낄 수 없는 신선함이라고 해야 할까? 이런 기분은 지금의 우리 친구들도 똑같이 경험할 수 있다는 것을 알아야 한다.

누군가를 만나며 외로움을 달래고 싶은 것은 매우 자연스러운 느낌이다. 어른이라고 외로움을 느끼지 않는 것도 아니고 다른 사람의 행복이 부럽지 않은 것도 아니다. 아이들이 말하는 외로움과 어른이 되어서 느끼는 외로움은 다양한 의미에서 성격이 다를 수는 있겠지만 누구든지 처한 상황에서 자신의 감정에 솔직해야 한다는 점은 같다. 아이들이 이성 문제로 혼자 끙끙 앓고 있다면 우울해질 수밖에 없다. 그때 부모가 상담자 역할을 해준다면 아이는 든든함을 느끼고 먼저 부모에게 다가올 것이다.

아이들의 감정조절은 훈련이 필요하고 후회와 각성도 필요하다. 인간이라면 사랑, 행복, 감동을 느끼며 행복한 눈물을 흘릴 수도 있고 분노, 좌절, 불쾌함으로 주체할 수 없는 고통을 느낄 수도 있다. 누구에게나 모든 경험의 처음은 있다. 감정은 경험해 보지 않으면 영원히 오지 않을 수도, 다른 사람보다 한참 늦게 올 수도 있다.

사춘기인 십대 때는 이런 감정에 좌충우돌하며 성장할 기회를 여러 층위에서 경험해야 한다. 자신의 감정에 솔직하고, 다른 사람을 이해할 수 있도록 돕는 감정을 다양하게 경험하는 것이 성숙한 인간으로 가는 지름길이기도 하다. 아이들이 쉽게 감정을 드러내지 않을 때 어른인 부모도 모두 그렇게 성장했다는 사실을 드러낸다면 생소한 감정에 버거워하는 아이들의 힘겨움을 조금은 덜어줄 수 있을 것이다.

니체는 "인간은 행복조차도 배워야 하는 존재"라고 했다. 자신이 어떤 이성을 좋아하는지, 어떤 만남을 원하는지 진지하게 생각해 볼 필요가 있다. 다른 친구를, 영화 주인공을 따라하는 가짜 감정이 아닌 진짜 자신의 감정을 들여다봐야 한다. 그런 의미에서 마음이 자연스럽게 움직이는 이성 친구를 만나면 "너의 이런 면이 참 좋아, 너와 대화해 보고 싶어."라고 자신 있게 다가서는 모습을 참 멋지다고 응원해주자.

수많은 시행착오가 기다리고 있겠지만 사춘기의 광기는 치유할 수 있다는 표현처럼 자신의 새로운 면을 확인하고 발견함에 주저하지 않는, 다양한 감정에 충분한 영양분을 듬뿍 줄 수 있는 건강한 십대가 될 수 있도록 응원을 보내줄 때 아이들이 성장하는 계기가 된다.

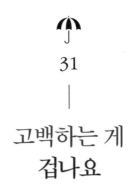

31

고백하는 게
겁나요

고3 정환이 눈에 희은이는 정말 매력적이다. 넋 놓고 있다간 다른 친구에게 뺏길까 봐 두렵기까지 하다. 머릿속에는 온통 희은이 생각뿐이다.

'지금 고백하지 않으면 나중에 진짜 후회할지도 몰라.', '좋아한다고 말해도 될까? 희은이는 나를 어떻게 생각할까?' 고3이 되면 공부에 열중해서 좋은 대학을 가겠다고 다짐했는데 앞자리에 앉은 희은이의 말 한마디, 행동 하나하나에 온 신경이 집중된다. 티를 내지 않으려고 노력했는데 며칠 전 상민이가 눈치를 챘다.

"야! 너 티 완전 다 나는 거 알아?"

"뭐…뭐가? 내가 뭐?"

"너 희은이 말 한마디, 행동 하나에 완전 반응하잖아."

친구들이 모두 눈치 채고 있었다니 아무래도 혼자 해결할 수 없었던 정환이는 상담을 요청해왔다. 자신의 연애고민을 담임선생님에게 털어놓기가 쉽지 않았겠지만 너무나 자신의 감정이 앞서 있어서 보는 사람이 불안할 정도였다.

"희은이는 지금 어느 때보다도 학업에 열중하고 있어. 네 감정도 중요하지만 희은이를 배려한다면 너의 마음을 표현 안 하는 것이 둘의 관계가 더 좋은 방향으로 갈 것 같다. 그냥 같은 반에서 함께 지내며 힘든 수험생활에 행복한 요소로 받아들이는 건 어떻겠니."라고 조언해주었다. 며칠 뒤, 정환이는 다시 나를 찾아왔다.

"생각을 좀 해봤는데요. 너무 제 생각만 한 것 같아요. 처음엔 선생님이 제 감정에 찬물을 끼얹은 것만 같았는데요. 수험생활을 잘 하고 싶은 희은이를 방해힐 생각은 전혀 없거든요. 좋은 감정으로 잘 지낼게요."

며칠 만에 훌쩍 성숙해진 정환이가 대견했다. 정환이처럼 고3이 되면 육체적·정신적으로 성장했다고 여기고 주변인들도 그렇게 인정해주기에 스스로 어른이라고 생각하는 경우가 많다. 고3은 학령기 마지막 시기로 외적인 모습은 성인과 별반 차이가 없다. 교복만 벗으면 어른처럼 행동하고 싶고 이성 간의 감정표현도 어른을 흉내 내고 싶어 어딘지 모르게 과감해진다.

학업 스트레스와 진로 고민, 대학 입시에 빡빡한 생활을 하지만 고3도 인간인지라 감정의 변화를 모른 체하기엔 내면의 욕구가 너무 강하다. 숨길 수 없는 감정에 방황하는 경우도 있고 좋은 감정을 느끼는 이성 친구에게 다가가 "우리 입시 끝나고 사귀어볼래?"라고 표현하며 자신의 감정에 솔직해지기도 한다. 사실 사랑이라는 감정은 어른도 절제하기 힘들고 이성적 행동보다 본능적 행동이 유발되는 경우가 많기에 그들에게만 이래라저래라 말하기에는 미안하다. 하지만 이성에게 느끼는 감정에 너무 치우치거나 집중하는 경향이 우려스러운 것은 사실이다.

남녀관계에 있어서는 어떤 것을 선택하느냐에 따라 자신의 미래 방향이 완전히 달라질 수 있다. 순간의 감정이나 욕구를 감당하지 못하고 내리는 결정, 동반된 행동으로 예기치 않은 상황을 불러올 수 있다. 자기감정에 솔직한 것은 좋으나 행동에 무리수를 두어서는 안 된다. 그러나 이 부분은 잔소리로 통제가 안 되는 부분이다. 우리 아이들은 자유, 특히 감정의 자유를 만끽하고 싶어 한다. 그러니 아이들의 일거수일투족을 제어하지 못하는 부모의 입장에서는 여간 불안한 것이 아니다. 성교육이 학교에서도 이루어진다고는 하지만 현장감이 떨어지기에 그마저도 못 믿는 것이다.

그렇다면 자녀에게 어떻게 이 문제를 설명하고 최소한 자녀 인생에서 후회할 수도 있는 요소를 미연에 방지하며 자기감정을 제어할 수 있는 '보류' 버튼을 과감히 누르게 할 것인가.

부모가 먼저 솔직해져야 한다. 자녀의 상태를 알아야 상황을 가늠할 수 있으므로 자녀가 허심탄회하게 고민이나 문제를 털어놓을 수 있도록 편안한 분위기를 이끌어야 한다. 부모의 입장을 내세우기보다 자신의 경험담을 먼저 털어놓는 것도 하나의 방법이 될 수 있다.

부모를 비롯해 주변 어른들은 십대들의 생각을 존중하고 지지한다. 하지만 한편으로는 십대들이 순간의 감정에 중요한 시기를 놓칠까 노심초사하는 것 또한 어른들의 몫이다. 인생에서 답은 없지만 시행착오를 겪으며 온 어른들이기에 십대들이 후회하며 시간을 낭비하지 않기를 바라는 마음이다. 그래서 가끔은 '태클'을 걸며 십대들을 머뭇거리게, 주춤하게 만드는데 이것은 지극히 위험한 발상이다.

청소년기에는 다양한 가치 사이에서 심각하게 고민한다. 친구, 성적, 돈, 미래, 우정, 사랑 …. 뭐 하나 쉬운 게 없고 하나같이 막연하다. 그래서 지금 당장 내가 할 수 있는 공부에 최선을 다하자, 학교생활을 잘하자며 스스로 마음을 다잡는다. 하지만 그들은 정서적으로 불안하고 사소해 보이는 것에도 민감하게 반응할 정도로 예민한 모습을 보이기도 한다. 또한 자기중심적인 모습으로 자신의 '필feel'에 의존하여 상황을 받아들인다.

이성 친구의 손짓 하나, 눈빛 한 번에도 마음이 와르르 무너지는 것만 같고 하루의 기분이 좌우된다. 사소한 대화조차도 그 순간의 분위기와 오감을 총동원하여 러브스토리를 만들며 행복한 상상을 한다. 하지만 설렘은 두려움을 항상 동반한다. 감정이 생기면 표현하고 싶은 것이 인간의 정서이므로 자칫 잘못하여 친구관계까지 망치는 것은 아닌지, 괜히 고백했다가 소문만 나고 창피를 겪으면 어떻게 하나 등등 복잡 미묘한 감정에 사로잡혀 몇 날 며칠을 끙끙 앓기도 한다.

아이들이 자신의 미래를 결정지을 수 있는 첫 번째 단계에서 자신의 가능성과 역량을 충분히 발휘하는 것을 우선순위로 두는 것도 인생의 큰 그림을 그리는 데 매우 중요하다. 혼자 고민하기보다 주변에 도움을 요청하고, 물어보고, 조언을 구한다면 건강하게 성장하

고 있다는 것의 반증이다. 부모는 이에 대한 의견을 제시할 때, 되는 것과 안 되는 것, 가능한 것과 가능하지 않은 것으로 이분법적 사고를 제시해서는 안 된다. 아이에게 일어나는 모든 일은 좋은 것과 나쁜 것으로 양분될 수 있는 것이 아니라 가치의 함량이 다를 뿐이다. 한쪽을 선택하려 할 때 그 가치를 측정하고 좀 더 의미 있는 쪽을 선택하도록 하는 지혜를 발휘해야 한다.

부모세대도 모두 알다시피 좋아하는 친구, 관심 가는 이성이 있는 것은 삶을 풍요롭게 한다. 같은 환경, 상황에 처해도 내가 좋아하는 사람이 있는 공간이라면 나의 행동과 생각이 훨씬 유연해질 수 있다는 것. 항상 기분 나쁨 버튼이 켜져 있는 사람과 항상 행복 버튼이 켜져 있는 사람의 에너지는 당연히 다르다는 것도 안다. 좋아하는 감정이 있는 상태라면 그렇지 않은 사람보다 긍정 엔돌핀이 매순간 뿜어 나올 것이다.

성적이 떨어지고 공부를 게을리할까 봐 염려되는 상황이라면 잠시 시간차를 두고 우선순위를 냉정하게 생각하자고 제안해 보자. 무조건 안 된다고 제약한다면 아이의 반감만 키우는 꼴이 된다. 누구나 겪는 문제에 부모가 먼저 의연하게 대처할 수 있는 요령을 터득하고 있어야 한다. 자기 고민에 대해 멋진 묘안을 제시하는 부모의 뜻을 거스를 자녀는 없다.

32

차라리
모른 척해주세요

　지훈이는 은미와 사귄지 한 달이 다 되어간다. 처음엔 서로 호감으로 사귀게 됐는데 시간이 지날수록 지훈이는 은미가 너무 좋고 챙겨주고 싶다. 매일 독서실에서 집으로 가는 길에 지훈이는 은미를 집까지 데려다준다. 늦은 시간에 집에 잘 들어갔는지 걱정하고 있는 것보다 데려다주는 게 더 낫다고 생각하기 때문이다.

　"너 요즘 왜 이렇게 늦어? 평소보다 꼭 한 시간씩 늦게 오는 거 같아. 무슨 일 있어?"

　"무슨 일은… 그런 거 없어."

　지훈이는 엄한 부모님이 여자친구 사귀는 걸 알게 되면 불필요한 신경전을 하게 될까 봐 비밀로 하기로 했다. 할 수만 있다면 고등학교 졸업 때까지 아니면 그 이후에도 비밀로 하고 싶은 것이 솔직한 심정이다. 사적인 부분까지 부모님이 알아야 할 필요는 없다고 생각하기 때문이다.

그런데 지훈이의 바람과는 달리 부모님은 벌써 알아채고 상담문의를 해왔다. 지훈이가 예전과 다르게 외모에 신경을 쓰고 귀가 시간이 늦어지고 스마트폰을 애지중지하며 손에서 놓지 않는 모습을 보았다는 것이다. 공부에는 집중 못 하면서 어딘가에 관심이 집중되고 있는 것을 본능적으로 감지했던 것인데, 수백 번 고민 끝에 아들에게 무슨 일 있느냐고 어렵게 물어보았다고 한다. 그런데 순순히 대답할 것이라는 기대와는 달리 날카로운 반응을 보이는 아들에게 어이도 없고 덜컥 겁이 났다는 것이다.

"차라리 여자친구를 만나고 왔다고 하면 되지, 저렇게 까칠한 반응을 보일 필요가 있을까요?"

아들의 반응에 더 불안하고 일어나지도 않은 일들까지 걱정하느라 급기야 용돈을 줄이고 스케줄을 세세히 체크하는 등 통제와 제재를 가하기에 이르렀다는 것이다.

"지금 한가하게 여자친구나 사귈 때는 아니잖아요."

지훈이 엄마의 목소리에는 어떻게 좀 도와달라는 간절함이 담겨 있었다.

의외로 지훈이와 같은 상황에 놓인 친구들이 많다. 부모님이 자연스럽게 눈치 채면 말하겠다는 친구들도 있고 아무리 자식이라도 말 안 하고 싶은 게 있다며 철저히 자신의 영역임을 강조하는 친구들도 있다.

반면 부모는 차라리 모르는 게 낫다, 알게 되면 서로 뒷감당을 할 수 없다는 의견도 다수 있었다.

부모에게 "자녀가 이성 친구가 있기를 원하십니까?"라는 질문을 던지면 대다수의 부모들은 당연히 "NO"라고 답한다. "만약 자녀가 이성 친구가 있다면 부모님에게 말하기를 원하십니까?"라는 질문에는 거의 모든 부모가 "YES"라고 흔쾌히 말했다.

아이들의 설문조사와는 완전히 다른 결과가 나온 것이다. 이성 친구를 만나고 싶다는 아이들이 대부분이었고 이성 친구와의 교제를 부모님에게 말하겠다는 학생은 거의 없었다. 일부 학생만 '떳떳하게 만나고 싶다, 잘못을 저지른 것도 아닌데 숨겨야 할 필요가 있느냐'고 말했지만 많은 학생들이 '불편하다, 모르는 게 약이다, 엄마가 알면 잔소리가 심해진다'고 하며 '아는 선에서 끝내지 않고 아마 아시면 사사건건 간섭할 것'이라고 했다.

아이들은 부모의 울타리에 있는 현재를 인정하지만 언젠가는 세상 속으로 돌진하고 싶은 갈망이 있다. 그래서 자신의 영역을 부모님이라도 침범할 수 없는 고유의 세계라고 여기고 그 공간에서만큼은 독립적이고 싶어 한다. 어느 누구의 간섭도 받고 싶지 않은 마음이다.

사춘기에 접어든 십대들은 마음속에 비밀창고가 옵션처럼 따라붙는다. 사소해 보이는 잡담도 암묵적인 룰을 적용하며 비밀창고에 꽁꽁 숨겨둔다. 다른 사람이 보기엔 비밀처럼 보이지 않아도 자기들끼리 공유하는 비밀 아닌 비밀은 친구관계를 더 돈독히 한다.

때로는 자신들이 만든 비밀창고로 오히려 난감한 상황을 만들기도 한다. 처음부터 엄격한 잣대로 룰을 만든 것은 아니어서 비밀이라고 여겨지는 자기들끼리의 스토리를 누군가가 공유하고 외부세계에 옮겼다가 얽히고설킨 친구관계가 엉망이 되는 경우도 비일비재하다.

얼마 전, 자신의 이성교제를 함부로 말하고 다녔다는 이유로 같은 반 친구 호영이와 절교하며 불쾌감을 표시한 진우. 호영이의 말을 들어보면 자신은 진우의 연애사에 관심도 없고 떠들고 다닐 만큼 친하지도 않은데 괜히 구설수에 올라 자신이 오해를 받은 것 같다고 했다. 반면 진우는 호영이가 평소에도 다른 사람 말을 쉽게 하고 자신이 한 말에 책임을 지지 않는다며 분노했다. 진우는 호영이의 발설로 부모님께 이성교제를 들키게 되었고 몰래 여자친구를 만나고 다니는 것처럼 되었다며 억울해했다. 사실 진우는 부모님에게 이성교제 사실을 말할 생각이 아니었는데 자신의 의지와 상관없이 부모님이 알게 되니 이것 또한 기분이 나쁘다는 것이었다.

십대의 마음은 참 오묘하다. 자신의 일은 자기 입으로 말하고 싶지도 않고 다른 사람을 통해서 알게 되는 것 또한 싫어한다. 부모님께 말하지 않으려는 마음과 한편으로는 떳떳하게 인정받고 싶은 마음이 공존하니 고민이 될 수밖에 없지 않을까.

아이들이 누군가를 좋아하고 이성 친구를 만나고 싶어 하는 것은 너무나도 자연스러운 감정이다. 다른 사람을 통해 자신의 존재를 확인하는 중요한 경험이다. 십대이기 때문에 이성교제를 보호자에게 알려야 한다는 법은 없다. 다만 부모님이 직접적으로 묻거나 교제사실을 들켰을 경우 등 알려야 할 상황에 직면했을 때는 숨기지 않고 솔직히 말할 수 있는 용기가 필요하다. 여기서 중요한 것은 자녀들의 편에서 이해해주어야 한다는 것이다.

자녀가 여전히 손길이 많이 필요하다고 여기는 부모는 자녀가 비밀 창고를 많이 만들수록 불안하다. 날이 갈수록 말수가 적어지고 숨기는 것이 있다는 생각이 들면 도대체 밖에서 무엇을 하고 다니는지, 어떤 친구를 만나는지 등등 묻고 싶고 알고 싶어 한다. 그래서 열정적인 부모들은 '친구관계도'를 모조리 알아내려고 지나친 노력을 기울이고 자녀들의 사적인 영역을 비밀스럽게 침범하기에 이른다. 혹시라도 이런 열정을 예민한 십대 자녀에게 들키는 날에는 관계회복에 상당한 노력과 시간이 들여야 한다는 부작용을 감수해야 한다.

다른 사람은 몰라도 자녀의 미세한 몸짓, 표정만으로도 아이가 예전과 다름을 빠르게 알아챌 수 있는 사람이 부모다. 반면 "예쁘게 잘 사귀어 봐."라는 대답을 혹시 못 들을까 걱정이 앞서는 아이들이다. 그들에게 마음을 열어 조금 더 관용을 베풀려는 의도적 사고가 필요하다.

이해만이 답이다. 같은 편에 서서 같은 눈높이로 같은 곳을 바라보아야 한다. 그렇게 했을 때 아이가 마음을 열고 솔직하게 다가온다. 잊지 마라. 누가 뭐래도 당신과 자녀는 가장 친한 사이다.

33

이성 친구 때문에 성적 떨어질 일은 없어요

"윤미야, 쉬는 시간에 교무실로 좀 와."

무슨 영문인지 담임의 요청에 윤미는 가슴이 철렁 내려앉는다. 최근 태영이와 사귀는 것을 알고 부른 건 아닐까 신경이 쓰인다.

"윤미야, 네가 잘 알아서 하겠지만, 지금 중요한 시기잖아. 주변 환경에 휩쓸리지 말고 중심 잘 잡아."

윤미는 직감적으로 태영이와 사귀는 것을 담임선생님이 알고 계시는구나 생각했다. 윤미는 전교 1,2등을 다투지는 않지만 그동안 학생부관리도 꾸준히 했고 다양한 교과, 비교과활동으로 선생님들의 기대를 한 몸에 받고 있었다. 윤미는 괜히 태영이에게 미안하다는 생각이 들어서 학교생활을 더 열심히 해야겠다는 생각이 들었다. 하지만 혹

여라도 성적이 떨어지면 어떡하나 하는 불안감도 생겼다.

윤미 친구 선희는 똑부러지는 성격에 수학을 잘하는 친구다. 자기가 좋아하는 남학생과 드디어 사귀게 됐다며 담임선생님에게 자랑을 할 정도 귀여운 선희는 어느 때보다 행복하게 학교생활을 하는 듯 보였고 "선생님, 요즘 학교 다닐 맛 나요!"라며 자신 있게 말하곤 했다. 그런데 중간고사를 마치고 수학성적을 확인하는데 평소보다 몇십 점이 뚝 떨어진 점수를 보고 말없이 자기자리로 돌아간 선희는 닭똥 같은 눈물을 뚝뚝 흘리고 있었다. 다른 과목보다 더 자신 있어 하던 수학과목이라 자존심이 많이 상했을 것이다.

나는 조심스럽게 지켜보기만 했는데 기말고사에서 용케 원래 성적을 되찾아 안도의 한숨을 내쉰 적이 있다. 아마 윤미의 마음속에도 선희와 같은 상황이 생기지 않을까 하는 두려움이 있었을 것이다. 연애와 공부는 엄연히 다른 영역인데 빠듯한 학교생활에 서로 문자수고 받을 시간 내는 것도 쉽지 않고 점심시간, 하굣길에서 잠시 보는 게 다인데 괜히 사귄다는 소문에 연애하느라 공부 안 했다는 소리는 죽기보다 듣기 싫은 것이다.

누군가를 좋아하고 만나는 것은 잘못된 것이 아니라 매우 자연스러운 발달과정이다. 좋아하는 이성 친구가 생기고 이성에게 관심을 가지는 것은 매우 당연하다. 이성교제 과정에서 이전에 경험해보지 않은 설렘과 복잡 미묘한 감정에 사로잡혀 멍 때리는 경우도 빈번하게 생긴다. 감정에 충실한 행위가 연애라고 한다면 공부는 이성의 본분을 다하는 행위라 할 수 있다. 사실 서로 구분된 영역처럼 보이지만 머릿속이 복잡하고 근심 걱정이 있을 때 공부가 손에 안 잡히는 것처럼 연애 감정이 폭발하면 이 또한 공부에 집중하기가 힘들어진다. 특히 이성 간의 사랑 감정을 처음 경험하는 친구들이라면 더욱 그렇다. 그런데 청소년기라는 특정한 시기 때문에 그렇지 사실 이성에게 호감을 가지고 감정을 표현하는 것은 자연스러운 인간의 감정이다. 요즘에는 초등학생, 아니 유치원생부터 여자친구, 남자친구를 운운하며 이성교제를 당연하게 받아들인다.

학년이 올라갈수록 이성교제에 대한 제재는 당사자를 둘러싼 주변인들의 잔소리 강도로 확인된다. 신체발달에 따라 이성에 대한 호감이 절정에 달하는 중·고등학생들의 연애는 다양한 형태의 장애물에 직면하게 되는데 그중 가장 큰 고민이 바로 성적이다. 아마도 누군가를 좋아하고 서로 사귀는 단계에 이르면 누구나 그렇듯이 상대방에게 집중하는 시간과 탐색기, 서로 알아가고 맞춰가는 시간이 필요하기에 에너지를 많이 쏟아붓게 되고 공부에 소홀해질 수밖에 없다.

십대들의 감정표현은 때로는 다양하고 때로는 어이가 없을 정도로 단순하다. 감정표현도 배워야 하고 상대의 심리를 파악하는 것에 능숙해도 이성관계라는 것이 어려운 문제인데 이 모든 것에 서툰 아이들이 직접 경험하는 것에는 위험부담이 따르기 마련이다. 주변인들의 걱정과 근심이 극에 달하는 이유이다. 어떤 말로도, 부모나 교사를 막론하고 그들의 넘쳐흐르는 감정에 브레이크를 걸 수가 없다. 혹 주변 어른에 의해서 감정을 강하게 제지당하는 경우 그에 따른 역효과가 나타날 수 있기 때문이다.

십대들은 막연하게 미래에 대한 꿈을 꾸기는 하지만 불확실한 미래에 자신 없어 한다. 지금 내가 존재하는 여기가 사고의 기준이 되고 판단의 근거가 된다. 주변에서 '앞으로 충분히 기회가 많으니 지금은 학업에 열중해라, 딴 데 정신이 팔려서 중요한 시기를 헛되게 보내지 마라, 좋은 사람은 얼마든지 많다' 등등 끊임없는 걱정과 우려를 보내지만 그들은 되레 짜증이 나고 듣기가 싫다. 좋아하는 이성 친구를 만나는 것이 잘못된 것도 아닌데 지나친 간섭과 훈계에 '내 일이니까 신경 쓰지 마'라는 신호를 강하게 날리기도 한다. 사실 아이들이 이렇게 큰소리치더라도 속으로는 '에잇, 이렇게 다들 신경 쓰는데 이번 시험에 성적이 떨어지기라도 하면 어떡하지.'라는 걱정도 한다.

설없이 행동하는 어린아이로 보는 시선을 거두고 사람 사는 법을 배워나가고 있는, 자신의 감정을 확장해 나가고 있는 주체로 인정해주는 노력이 필요하다.
자녀에게 좋아하는 이성 친구가 생긴다면 자신과 그 친구를 소중하게 여기는 법을 가르쳐야 한다. 감정적으로 너무 서두르지 말고 둘이서 오래도록 좋은 관계가 유지될 수 있도록 노력하라고 당부한다. 그래서 오로지Only가 아닌 우리We의 개념으로 성숙해가도록 유도하고 서로의 미래도 걱정해주고 서로에게 힘이 되는 존재라는 것을 알게 하는 것이 좋다.

아직 순수한 아이들은 지금 이 친구를 놓치면 큰일이 날 것만 같고 사소한 것 하나하나에 신경이 쓰이겠지만 서두르는 마음이 앞서면 감정에 너무 집중하게 되어 후회할 일이 생길 수 있다.

서로에게 좋은 관계가 되기 위해서는 서로의 장점이 부각될 수 있게 노력해야 한다는 점을 인식시키자. 또한 시험기간에 학습 스케줄을 공유하거나 목표를 함께 정하며 학업 스트레스를 상쇄하는 방향으로 나아갈 수 있는 현실적인 노력을 기울이는 쪽이 오래 좋은 관계를 유지할 수 있다는 점도 인식시킨다면 부모의 우려가 줄어들 것이다.

34

호기심에
끌리는 것뿐이에요

여중에 다니는 중3 지윤이는 말수가 적고 내성적이라는 말을 많이 듣는다. 또래 친구들이 아이돌 그룹에 열광하고 멋진 배우에 목숨 거는 것에 비하면 지윤이는 분위기에 휩쓸리지 않는 무난한 학생이다. 얼마 전 학교축제 전까지만 해도 그랬다.

지윤이는 중2 댄스 팀의 공연이 잊히지 않는다. 후배 정애는 학교축제에서 중2답지 않게 어른스러운 무대매너와 노련한 댄스실력으로 박수갈채를 받았다. 주위 친구들도 모두 환호성을 지르며 댄스공연을 즐거워했다. 그런데 후배 정애의 공연 모습에 지윤이 또한 뭔가에 홀린 듯 멍해졌다.

'이 감정은 뭐지?'

그날 이후로 급식실에서, 체육관에서 정애 옆을 스쳐지나가게 되면 심장이 심하게 콩닥거렸다. 내색을 안 하려고 괜히 관심 없는 척 지나가지만 심장이 멎는 듯한 묘한 기분을 지윤이도 설명할 수가 없었다. TV에서 성소수자에 대한 얘기가 흘러나왔다. '혹시 나도? 아닌데, 남학생들만 봐도 얼굴이 상기되는 내가 그럴 리 없어. 아이, 참. 그럼 이 감정은 도대체 뭐지. 복잡해.'

여중·여고를 다녔던 나는 지윤이의 복잡 미묘한 감정이 무엇인지 어렴풋이 짐작이 된다. 나도 지윤이처럼 유난히 멋있어 보였던 우리 학교 스타를 남몰래 좋아했던 적이 있었다. 그때는 지금처럼 성소수자에 대한 개념도 없던 때라 지윤이만큼 고민하지는 않았지만 유난히 보이시해 보이던 후배가 지나갈 때마다 힐끗 쳐다보며 친구들과 계 탄 듯 즐거워했었다.

남중에 첫 발령을 받았던 나는, 여중·고를 다니며 경험한 것들과 남중에서 날마다 겪는 무력(?)적인 상황의 엄청난 갭gap에 적잖이 당황했었다. 여중에서는 유난히 보이시하고 터프한 친구들이 멋있다는 평가를 받지만 남중에서는 비교적 여성적인 성향의 친구들이 더 소극적이 될 수밖에 없고 멋있다는 평가보다는 이 어마무시한 동물의 세계에서 어떻게 잘 살아갈 수 있을까라는 걱정이 앞섰었다. 지금 생각하면 모든 것이 기우에 지나지 않는 것이었지만 당시에는 상당히 버거운 문제였다.

사람마다 취향이 다르고 감정선이 다양하므로 남자가 남자를, 여자가 여자를 좋아하는 일은 있을 수 있고 옳고 그름을 판단할 거리는 아니다. 하지만 일반적으로 남자와 여자가 서로 사랑하는 경우가 훨씬 많기 때문에 이들의 경우를 '성소수자, 동성애자'와 같은 표현을 쓰며 터부시한다. 우리는 다양한 취향을 존중해야 하지만 남들과 다른 성향을 가지고 태어난 사람들은 주변인들의 시선에 괜한 질타를 받기 싫어 자신의 성향을 감추며 살아가는 경우가 많다.

청소년기는 정체성의 혼란을 겪으며 각자의 정체성을 확립해가는 과정 중에 있다. 그래서인지 여중·남중이라는 제도적으로 성적 격리가 된 상황에서는 상대적으로 여성적인, 남성적인 친구들이 눈에 띄고 심지어는 이성 친구와 동일시하며 관심을 가지고 좋아하는 일이 생긴다. 그렇다고 해서 섣불리 동성애자 또는 이성애자라고 단정 지을 필요는 없는데도 아이들은 혹시나 하는 의구심으로 자신의 내면을 들여다본다. 하지만 이는 일시적 호기심일 수도 있고, 스타일에 매료되는 경우일 수도 있고 자신과 다른 삶의 지향점에 대해 매력을 느낀 것일 수도 있다.

청소년기는 성정체성을 알아가는 과정이다. 성정체성은 일시적인 반응으로 알아볼 수 있는 것이 아니라 시간이 지나면서 분명해진다는 사실을 아이들이 알았으면 좋겠다. 물론 다수의 방향을 따르고 싶은 것이 평범한 사람들의 바람이지만 그렇지 않은 경우도 있을 수 있다. 꼭 다른 사람에게만 일어날 일이 나 또는 주변 친구들에게 일어난다고 해서 '문제'가 될 수는 없다. 어느 쪽이든 사랑하는 사람에게 감정을 솔직하게 표현하는 것이 중요하고 자신의 감정을 받아들이는 것이 잘 사는 것이기 때문이다.

동성인 후배에게 끌리는 자신이 이상하게 느껴지는 지윤에게 자신의 감정을 부정하지 않는 것이 좋다고 말해주었다. 우려하는 시선을 잘 알고 있지만 우리는 어쩌면 많은 것들을 규정짓고 옳고 그름을 판단하려 드는 건 아닐까. 멋진 공연을 펼친 후배가 멋져 보이고 좋고 알고 싶은 마음은 충분히 생길 수 있다. 지윤이가 자신의 감정을 숨기려는 것보다 후배를 만났을 때 밝은 표정으로 대해주는 것이 훨씬 건강한 표현방식이라고 말해주었다. 같은 반에서도 친한 친구가 있고 그 중에는 누구에게도 뺏기고 싶지 않은 절친이 있듯 우리가 절친을 대할 때 '이런 감정을 느껴도 되나?' 하며 반성하지 않는 것처럼 일상에서 표출되는 다양한 감정과 상황에 솔직해지면 좋겠다.

내가 중3 때, 그 보이시한 친구에게 열광하는 모습을 보고 담임 선생님은 "지혜에게도 이런 모습이 있는 줄 몰랐네." 하시며 웃어주셨다. 아마 선생님께서 조용히 불러 "너 대개 이상해 보여, 어떻게 후배 여학생을 그렇게 좋아할 수 있니?"라고 말씀하셨다면 내가 이렇게 옛 기억을 편하게 떠올릴 수 있었을까? 성적인 부분에 민감하고 촉수가 뻗어 있는 십대를 바라보는 어른들도 하나의 상황에 섣불리 판단 내리고 걱정과 우려로 다그치면 안 된다. 상황을 너무 가볍게 대수롭지 않게 넘기는 것도 문제지만 모든 것을 문제라고 보는 것이 더 문제일 수 있다.

매스컴에는 동성애자라고 커밍아웃하는 연예인들이 심심찮게 나온다. 왜, 그들은 커밍아웃을 하고 힘든 길을 선택했을까. 사회의 곱지 않은 시선과 편견을 극복할 자신이 있었던 것일까. 아마도 세상에 동성애자가 훨씬 많다면 거꾸로 이성애자 커밍아웃을 해야 하는 상황이 펼쳐지지 않을까. 자연의 섭리를 거스른 역발상의 상상이지만 우리 사회가 다수의 힘에 편협하게 이끌려 가는 건 아닌지 스스로 되돌아보게 된다.

소수는 불편하다. 이해를 구해야 하고 자신이 틀림이 아니고 다르다는 것을 아주 가까운 가족에게조차도 하나부터 열까지 설명해야 한다. 설명한들 사람들이 "그래 너는 그렇구나."라고 인정해주는 것도 아니니 그들의 마음이 괴로운 정도를 헤아리기 어렵다. 우리는 적어도 그들을 비난해서는 안 된다. 그 모든 것들이 그들의 선택에 의한 결과가 아니라는 것을 기억해야 한다. 그들도 최선을 다해 자신의 삶을 충실하게 살고 있으며 사회적 약자로 살 수 밖에 없지만 사회 구성원의 일원임을 분명히 인식해야 한다. 일단, 차별화된 시선부터 거두는 것이 먼저다. 성정체성에 대한 편협한 시각을 공존의 개념으로 바꾸고 서로 존중해주어야 하는 것이다.

십대 청소년들에게는 다양한 감정과 상황에 노출되는 경험이 중요하다. 자신의 감정이 풍부해질수록 세상에 대한 이해의 폭이 넓어진다. 가끔 불쑥 동성에게 심쿵하는 감정을 느꼈다 하더라도 당황해하지 말고 자신에게 솔직해지도록 우리의 마인드를 오픈하자. 아이들이 자신을 잘 알 수 있는 찬스가 왔다는 신호로 받아들이는 여유를 갖는 기회다.

35

스킨십이 왜 안 돼요?
좋아하니까 껴안고 싶어요

성수는 최근 몰래 19금 영상을 보다가 엄마에게 들켰다. 부끄럽기도 했지만 엄마가 그냥 모른 척 지나가 줬으면 하는 생각을 했다. 하지만 보는 것 자체가 잘못됐다기보다 잘못된 성교육을 받는 것 같아서 엄마는 걱정된다.

"여자친구 정은이도 너 이런 거 보는 거 알아? 모든 여자들이 저런 거 아니야, 사랑하는 사람끼리 애정 표현하는 거 당연한데 이런 영상물로 네가 잘못된 생각을 가지게 될까 봐 그게 염려스러워. 정은이랑은 건전하게 만나렴."

갑자기 정은이까지 언급하는 엄마를 보기가 민망했다. 아직 고등학생인 성수는 누가 뭐라고 해도 자기감정에 솔직하고 싶고 표현하고 싶다.

얼마 전에, 선배교사 M과 대화를 나누었다. M은 아들을 키우며 인생을 배웠다며 몇 가지 에피소드를 나에게 털어놓았다. 그 중에서도 아들이 집에서 야동 보는 것을 보게 되어 너무 당황했다고 했다.

"음, 참 말이지. 그 순간이 되니까 일단 너무 어이가 없었어. 그래도 말은 해야겠다 싶어서 이렇게 말했지. '준성아, 네가 야동 같은 영상물을 보고 싶은 건 정말 자연스러운 현상이야. 하지만 이런 영상물로 사랑의 방법을 잘 못 배우는 걸 엄마는 원하지 않아. 영상물은 보는 사람을 더 자극하기 위해서 극적으로 과장된 부분이 많아. 누군가를 좋아하고 사랑하게 되면 만지고 싶고 함께 있고 싶고 섹스도 하고 싶을 거야. 하지만 야동은 야동일 뿐이야. 네가 진짜 사랑하는 사람을 만나면 먼저 마음을 다해서 사랑하고 서로 약속된 범위에서 사랑하면 되는 거야.'"

M은 진심을 다해 말을 했는데 아들은 듣는 둥 마는 둥 하더라는 것이다. 어디까지 묵인해줘야 하는 것인지 모르겠다고 했다.

요즘은 초등학생 5, 6학년들도 '야동'을 본다고 한다. 경로는 다양하겠지만 인터넷 망에서 야동을 구하는 일은 그리 어렵지 않다. 남자는 여자보다 시각 자극에 민감하게 반응하기 때문에 야동 같은 영상물에 자극을 많이 받는다고 한다. 나는 여자임에도 불구하고 고등학교 때, 친구와 함께 어렵게 구한 야동을 함께 본 적이 있다. 영상물을 빌려 준 친구가 "이거, 우리 오빠 몰래 집에서 들고 온 거니까 누구한테 들키면 안 돼!"라며 신신당부한 탓에 우리는 비밀이 보장되는 장소를 어렵게 섭외해 재생버튼을 눌렀다. 영화인줄 알았는데 대사도 없고 계속 남녀가 뒹구는 장면과 막연하게 상상했던 관계맺음을 넘어선 성인들의 리얼한 행위 장면들이 연속해서 나오는 바람에 충격을 받았었다. 평소 '야동'이라는 단어를 장난처럼 받아들이고 웃고 넘겼는데 그 뒤로는 화들짝 놀라기도 하고 못 볼 것을 봤다는 죄책감과 더불어 어른들이 이상하게 보이기 시작했다. 부모님도 선생님도. 단순한 호기심의 발동이었지만 아직도 그 이미지가 기억 속에 남아있는 것을 보면 당시 얼마나 정신적 충격을 받았는지 알 수 있다.

세대가 거듭될수록 연애하는 학생들의 연령이 낮아지고 애정표현의 수위도 올라가고 있다. 사랑에 빠진 학생들이 학교복도나 교실에서 벌이는 애정행각이 눈살을 찌푸리게 할 때면 어김없이 선생님들의 제재가 가해진다. 그러면 학생들은 되묻는다.

"스킨십이 잘못된 건가요? 손잡는 게 뭐가 어때서요?"

학교에서 연애하는 학생들이 스스럼없이 과감하게 허리를 감싸거나 드라마나 영화에 나올 법한 장면을 연출하면 교사들은 당황한다. 애써 의연한 척 훈계하고 지나가지만 '학교에서도 저렇게 과감한데….'라며 걱정 어린 시선을 보내게 된다.

물론 좋아하는 사람과의 스킨십은 매우 자연스러운 것이다. 서로 감정에 충실하다 보면 손을 잡게 되고 입맞춤을 하게 되고 더 진한 스킨십을 원하게 되는 것이 당연지사다. 이런 아이들을 지켜보는 어른들은 '사귀되 선을 지켜라, 후회할 짓은 하지 마라, 여자는 남자와 다르다'며 목에 핏대를 세운다. 반면 아이들은 일어나지도 않을 일을 걱정하고 난리라며 짜증을 낸다.

사랑의 감정은 아이부터 어른까지 누구나 느끼는 감정이다. 사랑하는 사람에게 자신의 마음을 표현하고 같은 감정을 공유하고 신체접

촉을 통해 유대감을 형성하는, 지극히 보편적인 감정이다. 이런 욕구를 잘 이해하고 있음에도 유독 십대들의 스킨십에는 유별난 반응을 보인다. 아니 그럴 수밖에 없다고 물가에서 노는 아이처럼 조마조마하다고 일갈한다. 감정에 치우쳐 공부의 끈을 놓을까, 순간의 실수로 학창시절이 엉망이 될까, 인생을 망칠까 걱정되기 때문이다. 격동의 사춘기임을 감안하면 이러한 우려가 지나치지 않다는 것을 알 수 있다.

사람은 누구나 서로 좋아하게 되면 스킨십을 하고 싶은 본능이 있다. 십대라고 다르지 않다. 그런데 우리가 아이들에게 알려주어야 할 것은 아무리 사랑하는 관계라 할지라도 상대방이 원하지 않는다면 멈춰야 한다는 것. 여자친구의 거부 의사는 내숭이 아니고 성에 대한 자기 결정을 표현한 것임을 분명하게 알고 존중해 주어야 한다는 것을 가르쳐야 한다. "키스해도 돼?"의 물음에 대답을 않는 것은 묵언의 승낙이 아님을 알아야 한다. 사랑하는 사람과 스킨십은 자연스럽지만 상대방이 원하지 않는 스킨십은 좋지 않는 결과를 가져온다. 좋아할수록 상대방을 존중하고 믿음으로 대해야 하는 것이다. 진정으로 좋아하고 사랑하는 사람이 생겨 행복하다면 자신을 지키는 것이 상대방에 대한 배려임도 알아야 한다.

관계가 진전되고 심리적인 거리가 좁혀지고 있다는 생각이 들면 자기가 받아들일 수 있는 선, 한계를 생각해야 한다. 간혹 여학생들은 남자친구에게 상처줄까 봐 자기의 속내를 솔직하게 말하기를 꺼려하고 자기방어에 소극적이다. 하지만 그런 모습은 진정으로 상대를 위하는 행동이 아니라는 것을 아직 잘 모른다. 솔직하게 말하는 것을 주저하다 보면 충실한 관계가 아닌 오히려 가벼운 관계로 전락할 수 있다. 맺고 끊는 것을 망설이다 학창시절을 망쳐버렸다는 아이들이 의외로 많다. 그들의 후회를 돌이켜 줄 수 없다는 점은 교사의 입장에서 매우 안타깝다. 그런 일이 반복되지 않도록, 아름다운 추억을 간직할 수 있도록 그들에게 냉정하게 직접적으로 말해주는 것이 낫겠다는 생각이 든다. 또한 이것이 현명한 어른의 처사이기도 하다.

십대는 각자 자신만의 정원을 가꾸는 정원사와 같다. 매일 규칙적으로 학교에 가고 친구를 만나고 규율을 지키고 자신에게 맞는 것과 맞지 않는 것을 경험으로 배우며 자신만의 정원을 가꿔간다. 사람마다 다른 형태의 정원을 가지고 있지만 정원을 가꾸기 위해서는 누구나 자신만의 노력을 기울여야 한다는 것을 우리 아이들도 체득해 나가는 과정에 있다.

학교생활이 힘들고 고달프지만 자신만의 정원을 잘 가꾸고 멋지게 완성하기 위해 자기 나름대로의 노력을 기울인다. 자신의 인생을 설계하는 기초 작업을 마치고 나면 어른으로서 인생계획을 세우고 경제활동을 하며 자신의 목표를 하나씩 이뤄갈 수 있다. 이 과정이 생략된 채 자신의 감정에만 충실한 나머지 즉흥적이고 무책임한 행동으로 기준선을 넘어서는 행동의 결과는 생각보다 가혹하게 다가올 것이다.

아이들이 스스로 이성 친구를 존중하고, 분명한 자기관리로 정확하게 선을 긋고 행동한다면 서로 성장하는 밑거름이 될 수 있다. 십대는 빨리 어른이 되어서 누구의 눈치도 보지 않고 자신의 의지대로 살고 싶어 하지만 그때가 되면 어른들이 왜 그렇게 책임을 강조했는지,

인생이란 한 가지 길, 하나의 선택만 있는 것이 아니라는 사실을 알게 될 것이다.

사랑한다는 것은 믿는 것이다.
-빅토르 위고-

우리 아이들은 모두 행복할 권리가 있다.
누군가의 인정을 받는 것이 아닌 자신이 자신을 인정하는 것,
명문 대학 진학보다 가고 싶은 대학에 진학하는 것,
부모가 바라는 인생을 사는 것보다 자신의 인생을 생각하는 것 그리고
펼쳐나가는 것. 참 당연하고 쉬운 말 같지만, 현실에서 참 어려운 과제다.

자존감

저는
괜찮지 않아요

36

게임에서는
성취감을 느낄 수 있어요

민규는 오늘도 학교에 가지 않았다. 힘들게 눈을 떠 보니 11시. 이미 3교시 수업이 진행 중인 시간이다. '에이, 오늘은 학교에 가려고 했는데….' 시간을 확인하고도 정신이 들지 않아 멍하니 침대에 누워있는데 밖에서 문 두드리는 소리가 들린다.

"민규야! 민규야! 방 안에 있는 거 맞지?"

다급하게 들려오는 엄마의 격앙된 목소리. 하루 이틀도 아닌데 매번 같은 상황이 반복되니 민규는 할 말이 없다. 민규는 힘들게 온몸에 힘을 주고 몸을 일으킨다. 터벅터벅 몇 걸음을 겨우 걷고는 문고리를 오른쪽으로 돌리니 너무 쉽게 딸각 소리를 내며 방문이 열린다.

"전화를 받아야 할 것 아니야. 연락이라도 되면 이렇게 걱정을 하지도 않잖아! 방문까지 잠가 놓고 뭐하는 거야! 도대체 어제는 몇 시에 잤어?"

엄마는 답답하고 화나는 마음을 억누르며 말했지만, 민규는 매일같이 반복되는 잔소리에 매일 듣는 노랫말을 듣는 듯 침대로 돌아가 편하게 누웠다.

"아니, 내가 아무 일도 없으면 되잖아. 무슨 일이 있기라도 바라는 거야? 잔소리 그만하고 나가줘."

통명스러운 민규의 반응에 더 어이없는 엄마는 땅이 꺼질 듯 깊은 한숨을 쉬며 방을 나섰다. 몇 시였는지 정확히 기억하진 못하지만, 세상이 점점 밝아지는 시간에 잠이 들었던 민규는 점심때가 다 되어서야 정신이 돌아오는 것 같다.

고2 민규는 말수는 적지만 수업도 곧잘 따라오고 두드러지는 특성이 없어 교실에서는 무난한 학생처럼 보였다. 학기 중 어머니와의 상담에서 게임을 좀 많이 한다는 말을 듣기는 했지만 '문제'라고 인식될 거리가 눈에 띄지는 않았다. 그저 다른 아이들처럼 게임하기를 좋아하는 학생 정도로 여겨졌다. 그러던 중 2학기에 접어들면서 이전과는 다르게 수업시간에 자는 횟수가 잦아지고 매사 불만인 표정으로 나와 눈 마주치는 것을 피했다.

"저 야간자율학습 안 하고 싶어요."

"요즘 들어서 엎드려 있는 모습이 자주 보이던데 어디 불편한 데라도 있는 거니?"

"아니요, 좀 많이 피곤해서요. 그냥 학교에 있는 것도 싫고요."

학기 초와 다르게 성격이 괴팍해지고 학교에서도 친구들과 어울리는 모습이 보이지 않아 걱정이 되던 참이었다. 짐작은 했지만, 민규는 고2 여름방학 동안 밤낮없이 게임만 하느라 개학을 했음에도 불구하고 생활패턴이 완전히 무너져서 돌아오지 못하고 있었다. 어머니도 방학 내내 이런 민규의 모습을 보면서 답답하고 힘들었지만 대화를 시도하면 할수록 상황은 더 나빠지고 말이 전혀 통하지 않는다며 호소했다. 결국 밤낮이 바뀐 패턴을 깨지 못하고 2학기 내내 지각, 결석을 반복하다 학기 말에는 '온종일 자는 애'로 찍혔다. 고3이 된 후에는 부모님과의 사이가 심각할 정도로 나빠져서 한동안은 집에도 들어가지 않고 편의점, 피시방을 전전하며 속을 썩였다. 불과 1년 만에 민규는 완전히 다른 학생이 된 것 같았다.

흔히 게임중독이라 함은 정상적인 생활에 지장을 받을 정도로 게임에 몰두하는 상태라고 정의한다. 안 해야지 하면서도 어느 순간에 보면 손에 스마트폰이 들려져 있고 어김없이 게임을 하고 있다. 자신도 모르는 사이, 물 스미듯 게임에 중독되어 버리는 것이다. 평범한 학생이었던 민규가 게임의 유혹을 떨쳐내지 못하고 현실의 생활패턴을 완전히 잃을 정도로 빠졌던 이유는 가상현실의 대리만족, 성취감에 중독된 것이다. 게임 환경에서 아이들은 저마다의 레벨을 가지고 있다. 레벨의 상승은 현실에서 주지 못하는 쾌감을 주고 승리감을 안겨준다.

학교나 가정에서 경험하지 못한 성취감을 게임을 통해서 얻을 수 있

고 끊임없는 재도전으로 가상현실에서 자아실현까지 경험하게 되니 팍팍하고 괴로운 현실의 도피처로 매력적인 공간이 되는 것이다. 어쩌면 현실에서는 쉽게 느낄 수 없는 성취감과 자신감을 게임을 하면서 느낄 수 있으므로 부담스러운 현실을 벗어나는 데에 좋은 도구로 생각될 수 있다.

게임으로 인해 자제력을 잃는 경우도 문제지만 스마트폰을 손에서 떼지 못하는 현상은 더 우려스럽다. 대중교통을 이용하다 보면 많은 사람이 스마트폰에 집중하고 있는 모습을 쉽게 볼 수 있다. 시도 때도 없이 스마트폰을 들여다보는 것은 그만큼 우리나라 인터넷 환경이 좋기 때문이라고 할 수 있다. 스마트폰의 보급과 발전이 우리의 삶에 편리함을 제공하기도 하지만 온종일 스마트폰을 들여다보며 손바닥만 한 세상에 끌려다니는 현실이 답답하기도 하다.

최근 '청소년 세 명 중에서 한 명이 스마트폰 사용 과의존 위험군'이라는 기사를 접하며 우리나라 청소년들이 대인관계나 사회성이 떨어질 수 있겠다는 위기감이 들었다. 특히 스마트폰 중독은 청소년만의 문제는 아니기에 더욱 우려된다. 나 또한 많은 일을 스마트폰을 통해서 확인하고 처리하고 있다. 중독이 아니라도 닥친 문제를 해결하기 위해 나도 모르게 스마트폰 사용시간이 점점 늘어나고 있는 것이다.

요즘은 스마트폰의 보급으로 어릴 때부터 자연스럽고 쉽게 게임 환경에 노출된 채 생활한다. 외부의 규제나 스스로의 절제가 없으면 자신도 모르게 게임에 빠져 두세 시간이 훌쩍 지나간다. 친구들과의 놀이 관계 속에서도 대화보다는 각자 스마트폰을 뚫어지라 쳐다보며 게임에 열중하는 모습을 자주 보게 된다. 분명히 같이 논다고 하지만 스마트폰 액정 안의 게임 상황이 현실이 되고 자신이 실질적으로 노는 장면이 아니라 게임 속의 캐릭터를 주체로 활동하는 것이다. 아이들은 함께한다지만 전혀 함께 어울리는 모습이 아니다.

게임에 빠져 정상적인 생활이 힘든 학생들과의 대화는 어렵고 말이 잘 안 통한다는 느낌을 받는다. 몇 시간이고 액정 속 주체를 가지고 열심히 놀아주니 대화를 나눌 일도, 함께 게임을 하는 친구가 어떤 표정을 짓고 있는지, 무슨 생각을 하고 있는지 궁금할 기회가 없으니 다른 사람과 소통하는 것은 더욱 어려운 과제가 되어 버렸다. 상대의 말에 집중하지 못하고, 말의 의도를 파악하지도 못한다. 상대가 하는 말을 집중해서 듣지 않고 요지를 집어내지도 못한다. 대답할 때는 그저 일방적으로 자기 생각만 말하다 만다. 또한 이 대화에서 무엇이 잘못되었는지 눈치 채지도 못한다.

게임과 스마트폰 '중독'에 대해서는 둘 다 정확한 진단 기준이 없어 스스로 자신의 경향성을 파악하려는 의지가 필요하다. 스스로 자신의 생활방식을 인지해야 문제의식을 느끼고 개선할 필요성을 알게 되는 것이다. 한국콘텐츠진흥원 등에서는 '게임 행동 종합 진단 척도'와 같은 기준을 제시한다. 부모와 자녀가 함께 스마트폰 과의존 자가 진단표를 활용하여 자신을 돌아보는 것도 좋은 방법이다. 하지만 아무리 좋은 의도라고 하더라도 자녀의 동의 없이 스마트폰 관리하는 앱을 설치하는 등 일방적인 방식은 자녀로부터 사생활 침해라는 공격을 받을 수 있다. 대화와 타협을 통해 사용시간을 줄여나가거나 줄

일 수 있는 방법을 모색해야 한다. 부모가 먼저 스마트폰 사용시간을 조절하는 모범을 보임으로써 자녀 행동에 변화를 기대하는 것이 교육적이다.

십대들은 성장하는 과정에 있어 성인보다 자기 조절력이 약하다. 무엇이든 중독의 상태에 이르면 스스로 자제력을 발휘하기 어렵다. 부모와 자녀가 함께 평소 자주 대화를 나누고 서로에 관한 관심으로 게임중독, 스마트폰 중독에 이르지 않도록 예방하려는 자세가 필요하다.

남을 굴복시키는 사람은 강한 사람이다. 그러나 자기를 이기는 사람은 그 이상으로 강한 사람이다.
-노자

37

담배는
선택이고 취향이라고요

호영이는 매일 등하굣길에 학교 앞 편의점에 들른다. 삼각김밥과 우유 하나를 집어 들고는 급하게 계산을 하고 편의점 모퉁이 한쪽에서 허겁지겁 아침을 해결한다. 맞벌이 부모님의 이른 아침 출근 탓에 혼자 끼니를 해결하는 게 익숙해진 호영이. 하루에 두세 번 들리는 단골 편의점에서 호영이의 손을 거쳐 가지 않은 간식거리가 거의 없을 정도다.

몇 달 전, 호영이는 편의점 알바 형이 미성년자에게 팔면 절대 안 된다는 말에 자극되어 담배에 호기심을 갖게 됐다. 다음 날 호영이는 같은 반 친구 주현이가 만나자는 말에 동네 공원으로 갔다. 모퉁이를 돌아 동네 공원에 도착하니 주현이가 웅크리고 뭔가를 하고 있었다.

"왔어?"

주현이는 캄캄한 공원 구석에서 담배연기를 후~ 뿜었다. 그러고는 아무렇지도 않게 호영이에게 담배 한 개비를 건넸다. 순간적으로 담배를 받아 든 호영이는 그렇지 않아도 요즘 담배에 호기심이 많았는데 못 핀다는 말은 더 하기 싫어서 자연스럽게 담배를 입으로 가져갔다. 담배에 불을 붙이니 가슴이 타들어 가는 것 같았다.

'후유, 어떻게 하더라.'

호영이는 어른들처럼 담배를 입에 갖다 대고 길게 숨을 들이셨다. 순간적으로 날숨에 콧구멍으로 담배 연기가 뿜어져 나오는 동시에 답답함으로 기침이 한꺼번에 쏟아졌다. 처음에는 냄새도 이상하고 헛기침만 계속 나오더니 한 모금, 두 모금 반복하니 신기하기도 하고 마치 어른이 된 것 같아 기분도 좋아졌다. 이후로 호영이는 아무도 모르게 담배를 한 개비씩 피기 시작했다. 흡연하기 전에는 친구들이 담배를 피우는지 아닌지 관심도 없었는데 언제부턴가 학교 주변 담벼락 아래, 화장실 쓰레기통에 버려진 꽁초들이 하나둘씩 눈에 들어오기 시작했다. 담배를 피우는 친구들의 모습도 눈에 띄었다.

어디에서도 학생들에게 담배를 팔지 않지만 친구들이 담배를 구매하는 경로는 다양했다. 대학생 형을 통해서, 그리고 대범하게도 편의점과 일반가게 등에서 의외로 쉽게 구했다. 집에 있는 형이나 아버지 담배를 가지고 나왔다는 경우도 많았다. 호영이는 흡연을 시작하면서 이전과는 다른 친구 관계가 형성되었다. 서로 담배를 공유하며 함께 피울 수 있는 친구끼리 가까워진 것이다. 담배를 권장하고 싶은 마음은 없지만 담배를 피운다고 나쁜 학생이라고 규정지을 수는 없다.

통 크게 고등학생의 흡연을 인정한다고 해도 교복을 입은 학생들이 거리에서 삼삼오오 모여 담배를 피우는 모습은 보기에 불편하다는 것이 어른들의 시각이다.

흡연을 하는 장면을 들킨 학생들은 이렇게 말한다. "저는 정말 조금만 피워요. 선생님이 생각하는 심각한 단계도 아니고요. 그냥 하루 한두 개요. 안 피려면 안 필 수 있고요. 눈에 띄는 장소, 특히 학교에서는 절대로 안 피워요."

얼마 전, 우리나라 청소년의 흡연 시작 연령이 평균 12.7세라는 한국건강증진개발원의 조사결과(2015년 기준)를 접하였다. 사춘기에 접어들며 호기심이 왕성해지는 초등학교 5, 6학년부터 흡연을 시작한다는 것은 우려스러웠다. 무엇보다 성장기의 아이들에게 악영향을 끼칠 것이 불 보듯 뻔하기 때문이다.

알려진 것처럼 담배에는 수천 가지 유해물질이 포함되어 있다. 대표적으로 발암물질인 타르와 마약성 물질 니코틴 등은 금연교육 캠페인 등으로 학생들이 한 번쯤은 들어보았을 성분이다. 흡연 학생들은 실제로 이런 유해물질이 폐암, 후두암 등 비참한 결과를 초래한다는 사실을 인지하지만 체감하는 위험성은 그 심각성에 비해 약해 보인다.

2005년부터 전국 중·고등학생을 대상으로 하는 청소년 건강행태조사는 흡연, 음주 등에 대한 실태 파악을 목적으로 한다. 2018년 기준으로 청소년 흡연은 초창기 조사와 비교하면 감소 추세. 금연교육 강화 등 정책의 효과 및 사회인식 변화라고 볼 수 있다. 하지만 학교 현장을 들여다보면 일반적으로 청소년 건강행태조사는 컴퓨터실에 학생들을 모아서 반별로 조사하거나 담임교사를 통해 조사한 후 취합하는 것이 일반적이다. 학생들 중에는 학교에 들킬까 봐, 귀찮아서 등의 이유로 진지하게 조사에 참여하지 않는 경우가 많다. 외부에서 보면 학교 내에서의 조사결과를 신뢰하는 것이 당연하지만 교사로서는 얼마나 정확하게 조사가 이루어졌을까 하는 의문이 든다. 학교에서의 처벌을 피해 오히려 학교가 아닌 장소에서 자유롭게 흡연하는 학생들을 보며 교내에서 행해지는 흡연자를 위한 프로그램이 청소년의 건강관리 관점에서 지도된다기보다 교칙에 국한하여 지도되는 현실이 안타깝게 느껴졌다.

흡연 예방교육과 인식변화를 위한 노력뿐만 아니라 흡연 학생의 금연교육 방법이 좀 더 유연해지기를 바라는 마음이지만 적용하기는 어렵다. 학교 교육은 흡연 예방 및 흡연의 배경에 관한 관심보다 처벌 중심적이고 담배를 피우게 된 계기보다 문제행동에 중심을 두는 경향이 있다. 흡연 청소년을 질책, 처벌하여 금연교육에 강제성을 띠는 것은 결코 근본적인 해결책이 될 수 없다. 학생들이 흡연을 시작한 계기를 면밀히 조사하고, 그들이 왜 흡연에 빠지는지, 동기와 심리를 분석해 예방책을 세워야 한다.

숨어 있는 청소년 흡연자들을 위해 성인과 달리 성장기 흡연의 유해성을 신랄하게 드러내고 금연 의지를 보이는 학생들을 단계에 따라 적극적인 도움을 줄 수 있는 사회적 프로그램이 필요한 때다.

38

슬럼프,
나도 헤어나고 싶어요

고3 승현이는 1학기 기말고사를 앞두고 담임선생님을 찾았다.

"선생님, 저 슬럼프인 거 같아요."

승현이는 한참을 머뭇거리다가 아무래도 자기가 생각해도 의욕이 없고 생각하는 대로 몸이 따라주지 않는다며 마음속 이야기를 힘들게 꺼냈다.

"고3이 되면서 진짜 열심히 하려고 마음먹었거든요. 개학하고 3개월 동안은 정말 열심히 했다고 생각하는데요. 지난 모의평가를 치르고 나서 갑자기 드는 생각이 3개월 전이나 지금이나 상황이 똑같더라고요. 성적도 제자리걸음이고 해야 할 게 산더미 같은데 책을 펴면 내용은 머릿속에 들어가지도 않고요. 기말고사도 얼마 안 남았는데 마음이 도통 잡히질 않아요."

승현이는 어느 날 창밖을 보는데 순간적으로 자신에게 집중되는 관심과 기대, 지금까지는 그저 열심히 하는 데에만 신경 쓰고 달려온 것 같다는 생각이 들었다. 중상위권이라는 주위의 평가에 조금만 더 하면 성적도 오르고 주변인들의 기대처럼 올해를 잘 보낼 수 있다고 생각하며 달려온 3개월이다. 그런데 이제는 지쳐서 다시 그런 힘이 솟지 않는다. 승현이 얼굴 표정에 고민의 심각성이 담겨 있었다.

"그동안 너무 정신없이 달려와서 한숨 돌릴 때가 된 거 같네. 주말에 머리 좀 식히고 다음 주부터 다시 열심히 해보자. 응?"

승현이는 담임선생님과의 대화에서 자신의 모든 상황을 말하진 않았지만 답답했던 마음을 풀어놨다는 그 자체만으로도 마음이 좀 가벼워진 것 같았다. 한동안 스스로 제어가 되지 않을 정도로 감정적으로 혼란스러웠던 마음이 진정된 것처럼 평온한 얼굴이 되었으니까.

슬럼프slump는 체육학사전에서 '개인이나 팀이 경기에서 자꾸 지거나 그다지 좋지 못한 성적을 내는 기간'이라고 설명한다. 하지만 슬럼프라는 단어는 스포츠 분야를 넘어 개인이 오랜 시간 경력에서 공백기를 겪거나 자신의 실력을 발휘하지 못할 때 흔히 쓰이고 있다.

알게 모르게 우리 아이들도 슬럼프에 빠진다. 매일 똑같은 리듬으로 반복되는 학교생활에서 벗어날 돌파구가 보이지 않고 언제나 제자리걸음을 하고 있는 자신을 평가하면서 스스로 던지는 고민에서 헤어 나오지 못하는 것이다. 이런 슬럼프를 바람처럼 지나가는 대수롭지 않게 넘기는 아이도 있고 인생의 고비가 될 만큼 결정적 계기나 전환점으로 삼는 아이들도 있다. 그대로 주저앉아 일어서지 못하는 경우 '바닥을 치는' 경험으로 인생의 쓴맛을 보았다고 말하기도 한다.

학창시절에는 노력의 결과가 성적으로 이어지지 않거나 자신이 원하는 대학에 들어가지 못하는 상황, 갑작스러운 환경변화 등이 슬럼프에 빠지게 하는 요인들이다. 누구나 시련, 좌절, 위기와 같은 상황을 마주하면 그 순간 자신이 없어지고 앞으로 이 상황을 잘 헤쳐 나갈 수 있을지 걱정이 된다. 특히 심신이 완전체를 이루지 못한 십대들이 느끼는 슬럼프는 곁에서 지켜보는 것보다 더 큰 압박으로 느낄 수 있다. 평소 실패의 경험이 없었던 학생들이 슬럼프를 겪을 때는 옆에서 지켜보는 것이 힘들 정도로 조마조마, 아슬아슬해 보인다.

학생들 중에는 슬럼프를 잘 극복하여 자신이 원하는 방향키를 잘 잡고 굳건히 나아가는 경우도 있지만 한 번 빠진 수렁에서 빠져나오지 못하고 자가당착의 쳇바퀴를 맴도는 도는 경우를 보면 어려움을 이겨내는 데에도 경험이 필요하다는 생각이 든다.

희진이는 고2 겨울방학이 끝나고 무거운 집안 분위기에 하루도 편할 날이 없었다.

"이번 학기엔 성적 좀 올리자. 그게 네 마음대로 되는 건 아니겠지만 열심히 하면 결과는 따라오는 거 아니겠어?"

희진이는 어렸을 때부터 엄마의 기대에 부응하기 위해 이리저리 끌려 다니며 입소문난 학원공부에 과외도 수없이 해왔다. 엄마 덕분에 지금 자신이 현상 유지는 하는 거라며 스스로 위안을 삼아 온 것도 사실이다. 희진이는 줄곧 상위권 성적을 받아왔지만 앞으로 교대에 진학해서 선생님이 되길 바라는 엄마의 기대에는 미치지 못하고 있다. 자신감이 떨어지니 의욕도 떨어지고 도망치고만 싶다.

결국 과한 부담 때문인지 고3 1학기 중간고사를 앞두고 복통을 호소하며 병원에 실려 간 희진이는 열흘 이상 등교하지 못했다. 과한 스트레스로 복통이 간헐적으로 발병되어 한동안 고생을 하고서야 다른 친구들처럼 학교생활이 가능해졌다. 그간 병원 신세를 져서 그런지 얼굴은 핼쑥해졌지만, 표정은 한결 편안해 보였다.

"솔직히 말하면 그때는 아프고 싶었는지도 모르겠어요. 억지로 공부해야 하는 상황이 지속되니까 마음이 답답하고 짜증이 나고 그래서 병이 난 거 같아요. 아프고 나니까 오히려 부담이 없어져서 좋아요. 주변에서도 기대를 덜 하는 것 같고요."

희진이뿐 아니라 학생들은 중요한 시험을 앞두면 굉장히 민감해진다. 공부를 잘하든 못 하든 성적을 잘 받아야 한다는 부담이 있고 성적으로 평가받기 싫어 현재의 상황에서 도피하는 경우도 있다. 어떤 학생은 자신의 상황에 너무 집중한 나머지 공부가 잘 안 되는 날이나 성적이 잘 나오지 않으면 스스로 슬럼프는 아닌지 수시로 '자가점검'을 하기도 한다.

또는 자신이 의식하든 못 하든 '슬럼프'라는 명목하에 주변인이 조금이라도 자신을 이해해주기를 기대한다. 그래서 어떤 이는 슬럼프를 스스로 끊임없이 거짓말을 하는 상태 또는 스스로 합리화하는 상태라고 표현하기도 한다. 이렇게 슬럼프에 집중하여 상황을 해석하는 행동은 '어떻게 하면 슬럼프에 빠지지 않을지' 혹은 '슬럼프에 현명하게 대처하는 방법'에 대한 고민으로 이어진다.

지금 이 순간에도 슬럼프에서 빠져나오지 못하고 헤매고 있는 아이들에게 슬럼프를 겪고 극복한 예도 상당히 많다는 사실은 희망과 용기를 준다. 부상을 딛고 재기에 성공한 운동선수, 오랜 공백기를 딛고 브라운관에 선 영화배우 등 슬럼프를 극복한 사람들에게는 슬럼프 극복기 자체가 인생에서 성장의 순간이었음을 전해준다. 학생들에게는 공부 슬럼프를 극복한 선배들의 사례가 무엇보다 강렬하게 와 닿을 것이다. 자기와 딱히 친분이 없더라도 심리적 공감대를 형성하고 자신이 겪고 있는 슬럼프가 일상적인 현상이며 스스로 극복할 수 있다는 용기를 갖게 하기에 충분하기 때문이다.

TV에서 유명 배우나 스포츠 스타의 슬럼프 또는 슬럼프 극복기는 일반인들에게 이슈가 되기도 한다. 대중이 보기에 그들은 화려하고 완벽해 보이기에 그들 또한 어려움을 겪고 한동안 슬럼프를 극복하기 위해 노력했던 스토리를 간접적으로 겪으면 누구에게나 고비가 있다는 메시지에 공감하게 되는 것이다. 또한 현명하게 슬럼프를 극복해서 재기에 성공하거나 성숙한 모습으로 등장하는 모습에 박수를 보내기도 한다.

청소년기에 겪는 슬럼프라고 가볍게 여기며 어영부영 넘기려는 부모들도 많겠지만 진지하게 같이 고민해주고 극복하기 위해 함께 노력해주는 부모가 되어야 한다. 슬럼프를 이겨내는 것은 자녀의 몫이지만 그 방법을 모르는 자녀에게 유익한 제안을 해주는 힘이 되어야 하는 것이다.

슬럼프를 극복한 사람들이 말하는 슬럼프 극복기에는 몇 가지 공

통점이 있다. 우선, 자신이 좋아하는 것을 통해 기분을 좋게 유지하는 것이다. 예를 들면, 마음이 답답하고 돌파구가 없다고 느껴질 때 좋아하는 음악을 듣거나 운동을 하며 기분전환을 하는 것이다. 그리고 슬럼프를 인정하고 타인의 눈으로 자신을 바라보는 자세가 필요하다. 주위의 위로와 공감이 슬럼프에서 빠져나올 수 있는 받침대이고 지지대인데 본인 스스로 자신을 믿고 스스로에게 용기를 부여하는 것만큼 좋은 극복방법은 없다.

자녀가 슬럼프라고 여겨지면 가벼운 대화를 나누는 것부터 시작하여 자신을 차분히 돌아보는 시간을 배려하자. 너무 조급해하거나 감정을 표출하면 아이의 마음의 병은 더 커질 수 있다.

살아가면서 경험하는 다양한 상황과 장면에서 우리는 예상치 못하는 당황스러운 상황에 직면한다. 자신의 노력이 먹히지 않는 상황이나 자기의 의지로 바꾸기 힘든 순간이 오면 속수무책으로 모든 것을 감내해야 할 수도 있다. 결과에 집중하다 보면 자신도 모르게 슬럼프에 빠져 중요한 것을 빠뜨리는 상황이 반복될 수 있다. 자녀가 겪는 매 순간이 과정이고 자신의 모습임을, 위기마저도 기회가 될 수 있다는 마음으로 부모는 심호흡을 크게 한 번 하고 다시 나아가길 바라며 등을 다독여주는 든든한 격려자가 되어야 한다.

39

골치 아픈 친구관계보다
차라리 혼자가 편해요

중2 은주는 아기자기한 학용품 모으는 것을 좋아한다. 다른 친구들
보다 두 배쯤은 되어 보이는 큼직한 필통 안에는 요즘 유행하는 캐릭터
의 각종 학용품으로 항상 빼곡하게 차 있다. 얼마 전 자리를 바꿔서 짝
이 된 지연이는 은주의 필통에 유독 관심을 보였다.

"와! 너 이런 애들 어디서 사는 거야? 완전 예쁘다! 귀여워! 특히, 이
거, 이 샤프 좀 봐, 샤프에 달린 이 아이 너무 예뻐."

"그냥, 마음에 드는 거 볼 때마다 하나씩 사는 거야. 마음에 들어?"

"응! 완전! 마음에 쏙 들어."

은주는 잠시 고민을 하다가 말했다.

"너 가질래?"

"정말? 진짜? 대박! 애들이 은주 너 진짜 착하다고 하던데 정말이구나. 고마워!"

은주는 친구들 사이에서 착한 아이로 알려져 있다. 평소 자기가 가지고 있는 물건을 친구들에게 흔쾌히 선물로 주는가 하면 용돈을 받으면 주변 친구들에게 먹을 것을 잘 사주는 친구로 소문났다.

"매달 용돈을 꼬박꼬박 주는데 항상 돈이 없대요. 학용품을 많이 사는 것은 그렇다 쳐도 용돈을 적게 주는 것도 아닌데 혹시 돈을 뺏기거나 그런 건 아닌지 걱정이 될 정도라니까요. 워낙에 감정표현을 못 해서 친구들은 제대로 잘 사귀는지…. 사춘기가 되니까 더 걱정이에요."

은주 어머니는 용돈을 헤프게 쓰는 은주가 못마땅하다. 어머니의 걱정과는 다르게 은주는 친구들 사이에서 먹을 거 잘 사주고 자기 물건을 흔쾌히 빌려(?)주는 착한 친구일 뿐이다. 다만 은주가 왜 이런 행동을 반복적으로 하는지에 대해 고민이 필요해 보였다. 은주의 주변 친구들의 말을 들어보면 은주는 원래부터 잘 사주는 친구라고 했다.

은주를 지켜보고 대화를 하며 알게 된 것은 은주는 돈을 쓰면서 친구를 사귀는 패턴이 있었다. 상대방에게 뭔가를 제공해야만 상대방이 자신에게 관심을 가지고 호의를 베푼다는 생각이 가득했다.

"그럼, 친해진 다음에는 어때?"

"누가 사는지가 그렇게 중요하지는 않은데요. 가끔 친구가 사기도 해요."

은주와 비슷한 패턴을 가진 학생 중에는 주변에 친구가 많은 것처럼 보이지만 사실 마음을 터놓고 지내는 친한 친구가 없다. 특히 십대들은 관계 속에서 자신을 바라보기에 친구에게 행하는 행동이나 말, 제스처를 종합해 보면 주변에 친구가 없는 상황 또는 인기가 없어 보일까 봐 두려워하는 마음이 행동 저변에 깔려 있다.

대성이는 매일 학교도서관을 찾는다. 교실에서는 뭔가 불편한 마음이 도서관만 가면 내 집처럼 편안하고 주인이 된 것 같다. 거의 매일같이 얼굴도장을 찍은 덕에 사서 선생님과도 친해져서 쉬는 시간마다 선생님과 대화를 나누는 것도 좋다.

원래 대성이는 교실에서 자기표현을 거의 하지 않는 학생이었다. 항상 책상 위에 소설책, 만화책 등 장르를 가리지 않는 다양한 책이 하루가 다르게 올라와 있는 모습을 보고 단순히 책을 좋아하는 학생이라고 여겼다. 어느 날부터인가 조, 종례 시간에 대성이가 무엇을 하고 있는지 살피게 되었다. 흔히 말하는 왕따 혹은 친구들 사이에서 존재감이 없는 학생은 아닌지 신경이 쓰였던 것이다. 친구들과의 대화보다는 책을 매개 삼아 도서관에 가기를 즐기다 보니 교실보다는 도서관에 더 오래 머물게 되고 교실에서는 특별히 친해 보이는 친구가 없었다. 하지만 그렇다고 친구들에게 무시를 받는 것 같지도 않았다. 다행인지 대성이 주변 친구들은 대성이를 있는 그대로 인정해주지만, 친해지고 싶은 친구로 인식하지는 않는 것 같았다. 대성이는 친구들보다 사서 선생님, 교과 선생님들과 더 가까워 보였다. 선생님들과 대화하기를 즐기며 또래 친구들보다 어른들과 대화하는 게 오히려 편하다는 것이다.

대성이처럼 친구보다 선생님 주변만 맴도는 학생들을 매년 만난다.

친구들 사이에서 따돌림을 당하지 않더라도 스스로 머리 아픈 또래들과의 관계보다는 자신을 잘 이해해주고 이야기를 잘 들어주는 선생님들과의 관계를 더 편안해 한다. 이를 좋게 볼 수도 있지만 또래와의 소통방법을 고민하고 발전시켜가야 할 발달단계를 소홀히 한다면 앞으로 맺게 될 다양한 관계에서 자신의 진가를 발휘하기 힘들 수도 있다.

쉬는 시간에 학생들을 관찰해 보면 자연스럽게 친구들과 대화하며 웃고 장난치는 학생, 그런 친구들의 모습을 멀뚱히 쳐다보며 함께 어울리지 못하고 자신을 숨기는 학생, 쉬는 시간이면 보건실, 도서관으로 향하는 학생도 있다. 매년 그렇듯 학기 초 한두 달이 지나면 학생들의 특성이 조용히 드러난다. 학급 내에서 어느 정도의 위치인지 친구들 사이에 인기가 있는 학생인지 존재감이 강하거나 혹은 없는지를 자연스럽게 알게 된다. 수업을 마치고 복도를 걸어가다 보면 학생들의 동선이 눈에 띈다. 매점을 향해 필사적으로 뛰어가는 학생, 교과서를 빌리러 옆 반 친구를 찾는 학생, 담임선생님의 호출에 교무실로 향하는 학생 등등 다양한 학생들의 모습이 동시다발적으로 눈에 들어온다. 특히, 점심시간이 되면 관계도를 명확하게 알 수 있다.

자신의 마음과는 다르게 친구들에게 선뜻 다가가지 못하거나 용기가 없어 다가가지 못하는 학생들은 친구와의 관계에서 자기보다 친구의 생각, 의견에 우선권을 주는 경향이 있다. 힘들게 맺은 관계에서 혹시라도 친구가 서운해할까 봐 자기도 모르게 모든 것을 친구에게 맞추려고 한다. 이런 성향의 학생들은 관계에 집착하는 모습을 보인다. 모든 것을 공유하려 하고 상대방에게 사소한 것에 서운함을 느끼며 친구 관계를 어려워하는 것이다.

친구가 많은 학생은 자기표현에 적극적이고 진솔하다. 상대방에게 솔직하게 다가가기란 참 쉽지 않기에 솔직함은 친구 관계를 맺는 첫 단추다. 그런데 어떤 학생들은 자신의 마음을 숨기고 감추려고 노력한다. 첫 단추를 꿰는 법을 모르고 친구를 사귀기 힘든 자신의 모습을 회피하려 한다. 이런 친구들 대부분은 서로 마음을 나누고 이해하기 위해서는 자신이 상대를 위해 항상 뭔가를 더 해주어야 한다고 느낀다. 또는 상대에게 필요한 사람이 되기 위해 언제나 도와주어야 하고, 먼저 배려해야 한다는 부담을 느끼는 것이다.

하지만 어느 한쪽의 일방적인 배려나 희생은 관계가 오래 지속되기 어렵다. 친구는 '서로'와 '쌍방'의 관계라는 인식이 먼저다. 자신의 속마음을 드러내 보이는 것이 더 우호적으로 다가가는 것임을 알도록 해야 한다. 예쁘고 멋진 모습만 인정받을 수 있다는 잘못된 생각에서 벗어나 못난 구석도 보여주며 그 느낌을 공유하는 것이 좋다는 사실을 받아들이도록 이야기해 주어야 한다. 이때 모든 사람과 친구가 되어야 한다는 부담을 가질 필요는 없다는 사실도 밝혀주면 좋다.

친구 관계에도 많은 고민과 노력이 필요하지만 자기 마음에 있는 얘기를 하기가 힘든 것처럼 상대방도 마찬가지라고 여기고 친구와 마음을 나누다 보면 소중한 우정을 쌓을 수 있는 기회가 생긴다는 것을 은연중에 들려주는 것은 좋은 방법이다. 삶이 풍요롭다고 말하는 사람들의 주변에는 기쁨과 슬픔, 고민을 함께 나누는 친구가 많다. 그래서 친구를 보면 그 사람을 알 수 있다는 말이 있는 게 아닐까? 힘든 시기를 통과하는 청소년 시기에 함께 웃고 울며 떠들 수 있는 친구가 있기를 바라며 부모도 기꺼이 자녀의 친구로 자리 잡아야 한다.

누군가에게 좋은 친구가 되기 위해서는 먼저 내가 충만하고 충실해야 한다. 타인의 관심이 나를 좌우하게 만들면 나는 스스로에게 충만하고 충실해질 수 없다.
-명로진 《누구냐? 넌!》 중에서-

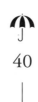

40

—

나도 정말로
행복하고 싶어요

"저도 행복하고 싶어요."

찬영이는 쉴 새 없이 눈물을 쏟아냈다. 학기 초 상담에서 절대 자신의 속내를 내비치지 않는 찬영이의 모습에 상담자로서 마음이 무거웠다. 모든 질문과 대화에 "그렇죠, 그럴 수도 있겠네요, 괜찮아요."라고 말하며 자신의 진짜 마음을 드러내지 않았기 때문이다.

찬영이의 부모님은 매년 담임선생님과 교과 선생님들로부터 좋은 평가를 받아 온 찬영이의 진학문제에 지대한 관심과 기대, 그리고 두려움을 함께 가지고 있었다. 자녀에 대한 기대가 큰 다른 사람들과 마찬가지로 "조금만 더 해주면 좋을 텐데요, 간절함이 없어요."라며 기대에 못 미친다며 답답함을 토로했다. 찬영이의 부모님과 상담을 하고 나니 이전 찬영이에게서 발견하지 못했던 모습들이 하나둘 눈에 띄었다. 짐작은 했지만, 찬영이는 부모님의 과한 기대와 학업 스트레스, 친구 관계 등으로 힘들어하고 있었던 것을 자기의지로 숨기고 있었던 것이다. 웃고 있지만 슬퍼 보였고 괜찮다고 하지만 전혀 괜찮지 않았다. 모든 감정선의 작동이 멈춘 듯이 기계적으로 반응하는 것이었다. 찬영이를 불러 부모님과 상담한 이야기를 들려줬더니 그제야 마음을 열었다.

"대학에 가면 행복할까요?"

"하고 싶은 것도 없는데 왜 공부를 해야 하는지 모르겠어요."

부모님은 대학은 당연히 가야 하는 곳으로 정해 놓고 자신을 몰고 가는 것이 도무지 이해가 되질 않는다며 괴로워했다. 좋은 대학에 보내기 위해 막대한 기회비용을 지불하고 있는 부모님께는 감사하지만 자기의 생각은 전혀 반영되지 않는 현실이 자신의 삶이라고 여겨지지 않는다는 것이었다. '고등학생 이후의 삶이 상상도 되지 않는다, 이렇게 사는 게 대체 무슨 의미인지 모르겠다'며 한참이나 마음속 이야기를 풀어놓았다.

상담시간에 학생들과 얘길 나누다 보면 찬영이처럼 "이게 진짜 제 삶이라고요? 내가 아닌 다른 사람으로 사는 게 맞는 거예요? 그래서 부모님이 좋은 대학에 가야 한다는데, 그러려면 성적을 꼭 잘 받아야 한다는데 진짜 이게 현실이라고요?"라고 의문을 가지는 학생들이 많다.

"대학에 가면 이제 네가 생각하는 대로 살 수 있어."라고 말해주며 힘을 북돋아주고 싶지만, 현실은 다시 취업을 위한 준비과정이 될 테니 단순히 '대학생 되기'라는 목표를 학생들에게 심어줄 수는 없다. 진중하게 자기 삶을 고민하는 아이들이 먹고사는 수단에 대해 염려하는 것은 아니니까 말이다. 그래서 나름대로 상담 매뉴얼 내지 포맷을 가지고 있다. 그것은 고1, 2학년 때는 학생들에게 인생방향 설정하기를 권하며 진로를 고민하도록 유도한다는 것. 자신이 추구하는 삶의 가치를 떠올려보고 목표를 설정하게 한다. 아직 현실로 닥치지 않은 입시보다 '자신'에게 집중하는 시간을 가져보라는 것이다. 중학생 시절까지 부모의 영향권 아래서 공부하고 시키는 대로 따라했지만 이제는 주체성을 가지고 자기의 삶을 설계해 나가보라는 권유다. 그러기 위해 많은 배경지식과 간접경험이 필요하기에 관심 분야를 막론하고 다양한 독서를 권하고 있다. 안타깝게도 독서를 권하면 시간낭비라고 하는 학생도 있지만 단 한 권이라도 펼쳐 본다면 또 다른 시도가 되고 생각의 확장이 되니 이 조언을 하는 데 있어서 주저하지 않는다.

그렇지만 학생들이 고3이 되면 현실적인 직언을 하게 된다. 자신이 원하는 일을 해야 행복할 수 있다고 말하지만 실질적으로 전망 좋은 학과, 앞으로의 발전 가능성을 강조하며 실효성 있는 성과를 거두기 위한, 학생과 학교의 합리적인 진학을 강조하게 된다. 학생이나 학부모도 대학입시의 문턱에서 좌절하기를 거부한다. 무조건 자신의 실력을 바탕으로 최상의 대학을 원하니 그들의 방향성에 맞출 수밖에는 없는 실정이다.

부모나 교사의 조언에도 불구하고 학생들은 자기에게 쏟아지는 관심, 기대를 저버릴 용기도 없고, 그대로 따를 자신도 없고 부모의 인생을 사는 듯하다며 불만을 가진다. 그렇다고 확고한 자신의 인생방향이 있는 것도 아니어서 자기 생각으로 부모를 설득할 수도 없다. 그래서 부모의 결정에 따르기는 하지만 적극성이 결여된 채 마지못해 끌려가는 심정이 되는 것이다.

십여 년 전 소현이도 그랬다. 자기 생각대로 결정할 수 없는 현실에 한동안 방황했던 학생이다. 소현이는 너무 강한 부모님과 우유부단한 자신의 모습 사이에서 갈등하며 고2 이후로는 자신의 감정을 제대로 표현한 적이 없다고 했다. 평소 친구들 사이에서 문제 상황이 있어도 화난 척을 할 뿐이지 화를 내고 싶지도 않고 기쁘거나 즐거운 상황은 더더욱 없다고 하였다. 점차적으로 소현이는 마음을 굳게 닫고 자신의 감정은 돌보지 않게 되었다. 소현이는 스스로 민감하지 않다고 하였지만 이미 수면장애를 겪으며 자신을 방치하고 있는 상태였다. 오랜 시간 동안 가족 또는 자신과 가깝다고 여겼던 사람들로부터 지속적인 심리적 압박을 겪으며 '내 감정은 중요하지 않은 것, 내가 결정할 수 있는 것은 없다'라는 생각이 가득했고 원래는 표현을 잘하는 성격이었지만 '어차피 의미 없는 것'으로 단정 짓고 자신의 감정을 꼭꼭 숨겨놓았다.

"제가 중요한 사람일까요? 저는 왜 태어났을까요? 이렇게 죽어도 슬플 거 같지 않아요. 행복할 수 있을까요?"

겉보기와는 다르게 자존감이 매우 떨어져 있는 상태인 소현이의 말을 한참 동안 들을 수밖에 없었다. 소현이가 자기 생각을 말로 표현하고 그동안 마음속에 응어리졌던 마음을 풀어내는 것만으로도 고마웠다. 끙끙 혼자 앓다가 병을 키우는 학생들이 너무도 많기 때문이다.

『교실 속 자존감』책에서는 한국인들의 '화병火病'에 해당하는 앵거

신드롬anger syndrome을 언급한다. 화병은 어른들뿐만 아니라 아이들에게서도 발견된다. 자신을 있는 그대로 받아들이고 사랑해주는 것이 아닌 부모나 사회가 제시한 조건을 만족시킬 때 비로소 사랑받을 수 있다는 식의 조건부 사랑의 결과가 아이들의 감정을 자꾸 안으로 숨기도록 만들 수 있다.

안으로 쌓인 화는 화병으로, 결국에는 우울증으로 이어진다. 책에는 '선인장을 안고 있는 아이' 그림이 나오는데 다른 사람을 해치지는 않지만 스스로 자신을 아프게 하며 자기 자신을 향해 '너는 어떤 것도 할 수 없다'는 아우성을 속으로 삼킨다는 설명을 읽으며 선인장을 꼭 안고 있는 모습이 꼭 찬영이와 소현이 같았다. 아이러니하게도 찬영이 소현이의 부모님은 아이가 그렇게 힘들어하는 줄 몰랐다고 했다.

"다른 아이들도 그 정도는 힘들지 않을까요?"라며 앞으로는 더 관심을 가지고 대화를 해보겠다는 말은 했지만, 대학진학이 결정되기 전까지 아이들의 표정과 생각에는 큰 변화가 없어보였다. 다행(?)스러운 것은 진학할 대학이 결정되고 더는 싸울 거리가 없어진 상황에서 아이들이 비로소 편안한 표정을 되찾았다는 사실이다.

아이들은 어떤 식으로든 자신의 상태를 표현한다. 죽고 싶다는 말을 쉽게 던지지만 '저도 정말 잘 살고 싶으니 절 좀 도와주세요.'라고 아우성치는 소리를 온몸으로 표현한다. 그래서 이렇게 힘든 아이들은 말보다 행동으로 다른 사람이 먼저 자신의 힘듦을 알아주기를 바란다. 이런 마음 표출의 하나로 자해를 선택하는 것일지도 모른다.

우리 사회는 지나치게 목표 지향적이다. 아이부터 어른까지 해야 할 것들의 목록이 빼곡하다. 우리가 이렇게 열심히 살지만, 상실감 또한 큰 것은 상황이 종료된 시점에서 돌아오는 허탈함 때문이다. 힘들었던 시험, 도전의 순간을 거치며 기대했던 성취감보다 '무엇 때문에?'라는 반문이 진하게 남는 이유다. 바쁘게, 빠르게 살아서 하고 싶은 일을 빨리, 많이 성취하는 것도 어떤 이에게는 필요할지 모른다. 하지만 자신에게 가혹한 시간이 길어질수록 자기 삶의 진정한 의미와 가치 같은 중요한 것을 놓칠 수 있다. 어느 쪽에 비중을 더 줄 것인지는 개인이 결정하는 것이지만 겉으로 보이는 것에 대한 선택이 아닌 내포된 행복의 함량을 생각하고 선택해서 매진하는 것이 좋다.

우리 아이들은 모두 행복할 권리가 있다. 누군가의 인정을 받는 것이 아닌 자신이 자신을 인정하는 것, 명문 대학 신학보다 가고 싶은 대학에 진학하는 것, 부모가 바라는 인생을 사는 것보다 자신의 인생을 생각하는 것 그리고 펼쳐나가는 것. 참 당연하고 쉬운 말 같지만, 현실에서 참 어려운 과제다.

오늘, 지금, 현재 고군분투하고 있는 우리의 아이들을 응원하고 그들의 행복을 우선순위에 두어야 한다. 그들이 자신만의 방식으로 행복을 경험한다면 삶의 에너지를 충전받는 것임을 알아야 한다.

41

—

나를 사랑하는 방법을
모르겠어요

새벽 3시, 3시 30분, 4시, 자다 깨다 반복하기를 수십 번, 휴대전화 액정화면에 6시가 표시되면 기계처럼 하루를 시작한다는 희은이는 매일 반복되는 불면의 시간이 당연하다는 듯이 말했다.

"잠 못 잔 거 엄청 오래됐어요. 저도 깊은 잠을 자고 싶은데 생각처럼 잘 안 되더라고요. 그냥 누워있어요. 자는 것처럼 말이에요. 자는 게 제일 쉬울 것 같은데…."

"그렇게 못 자면 학교에서 많이 피곤할 거 같은데 괜찮아?"

"컨디션이 좋지는 않은데 어쩔 수 없잖아요. 제가 일부러 그러는 것도 아니고 저도 편하게 자고 싶은데 안 되는 거니까요."

"왜 사는지 모르겠어요."

"자퇴하고 싶어요."

"의미가 없어요."

겉보기엔 풍요로운 가정환경과 부모님의 관심을 많이 받는 희은이가 잘 사는 것처럼 보인다. 하지만 좋은 대학에 가야 한다는 부모님의 압박과 시간이 갈수록 자신이 없어지는 현실에 앞으로 닥칠 상황을 감당해 낼 용기가 나지 않는다는 것이다.

고3 희은이는 시간이 갈수록 입시에 대한 압박감으로 편하지 않은 나날을 보내고 있다. 특히 매일 잠자리에서도 불편한 상태가 계속되니 표정도 무겁고 어딘가 모르게 답답해 보인다. 언제부턴가 아침, 저녁 할 거 없이 머리가 무겁다며 커피와 진통제를 달고 산다. 피곤해서 커피를 마시고 머리가 아프다며 진통제를 복용하지만 이런 습관은 다시 불면증과 불안을 키워서 결국은 악순환이 반복되는 상황이었다.

고3이 되면 학생들은 곧 대학진학으로 자신의 위치를 평가받게 될 현실을 벗어나고 싶은 심리가 강해지는 것 같다. 희은이처럼 울며 겨자 먹기로 학교생활을 견뎌내는 학생이 있는가 하면 적극적으로 현실을 외면하려는 학생도 있다. 힘든 순간이 닥칠 때마다 '죽고 싶다'라는 표현을 서슴없이 한다. 친구들과의 대화에서도 '나 하나 없어진다고 세상이 어떻게 되는 것도 아닌데, 그냥 확 없어져 버릴까'라며 듣고 있으면 불안한 이야기를 나눈다.

수지는 고3 학기 초 상담에서 사범대학에 진학해서 선생님이 되고 싶다고 자신 있게 말했다. 현재 성적으로는 조금 부족하지만 한 해 동안 열심히 해서 어떻게든 자신의 목표를 이루고 싶다는 것이다. 그러던 중, 4

월 중간고사 시험을 치르고 난 뒤, 상황은 달라졌다. 수지 어머니에게서 전화가 왔는데 수지가 자퇴를 하고 싶어 한다는 것이다. 친구들과의 관계에서 스트레스가 심하고 이런 상황에 공부는 더더욱 안 된다는 것이 이유였다. 친구 관계에서 어떤 사건이 있었던 것도 아닌데 자퇴까지 거론되니 담임교사로서 마음에 바위가 얹어진 듯 답답함이 밀려왔고 어떻게든 말려야겠다는 생각이 들었다.

수지를 설득하는 과정에서 자신이 생각하는 것만큼 성적이 잘 나오지 않자 자존심에 상처를 받았다고 했다. 또한 앞으로의 상황을 감당할 자신이 없다는 것이었다. 무조건 자퇴만 허락해 달라는 수지. 상황을 외면하고 싶어 그런 결정을 한 것은 아니었을까 짐작만 할 수 있을 뿐이었다.

수지는 스스로 친구 관계가 복잡하다고 생각하고 있었는데 자기와 맞지 않는 친구 관계를 정리하고 싶고 아무도 모르는 곳에서 다시 시작하고 싶다는 뜻을 비쳤다. 결국 부모님도 수지의 마음을 돌리는 것을 포기한 듯 자퇴 서류에 도장을 찍었다.

두 달 동안 수지와 수차례 대화하며 마음을 바꿔보려고 애썼지만 이미 자퇴를 결정한 수지의 마음을 돌리기에는 역부족이었다. 앞으로 수지가 원하는 삶을 살기를 바란다는 말을 전하는 것 말고는 달리 담임교사가 할 수 있는 일이 없었다.

십대의 아이들은 자기 결정권을 압류당한 탓인지, 매 순간의 선택에서 주위 사람들이 해주는 결정에 익숙한 탓인지 '내가 할 수 있는 것은 아무것도 없다'라며 자신을 부족하고 가치 없다고 믿어버린다. 상담시간에도 좀처럼 마음을 돌리지 않는 학생들에게 어떻게 하면 '너란 존재 자체가 소중하고 행복해야 하는 존재'인지를 알려줄 수 있을지 고민된다.

누구나 자신에게 의미 없다고 여겨지는 일을 하면 행복하지 않다고 느낀다. 다시 말해 자신의 마음을 자극하는 일을 하고 싶어 한다. 그래서 앞으로의 삶을 위해서 고통스러운 공부, 공부로 인해 자존심이 구겨지는 상황 등을 인내해야 자신이 원하는 삶을 살 수 있다고 말하는 것은 십대에게 너무 잔인한 일이다.

"항상 후회하고 실수하는 나를 보며 이제는 자신에 대한 신뢰도 없어지고 스스로 할 수 있는 게 뭔지에 대한 의문이 생기기 시작했어요."

우리 반 동진이는 "대학에 가면 행복해질 수 있을까요?"라며 위와 같은 내용의 문자를 보내왔다. 동진이는 수학을 참 잘하는 학생이었지만 정기고사에서 실수로 만점을 받지 못한 경우가 몇 번 있었다. 다른 과목에서도 반복되는 실수에 이제는 스스로 포기했다며 자신을 탓하는 모습을 보였다. 우리나라 학생들은 특히 실수투성이인 자신을 믿을 수 없다며 끊임없이 채찍질한다. 자신을 더 괴롭혀야 좋은 성적을 받을 수 있고 대학에 가야 행복할 수 있다는 논리가 이미 아이들의 머릿속에 가득하다. 매 시험에서도 '실수도 실력이다'라는 말에 누구 하나 반박하지 않는다. 우리 사회가 학생들을 완벽주의자로 만드는 것 같다.

『누구의 인정도 아닌』 책에서 언급한 것처럼 "어쩌면 고통이 더 좋은 것을 가져다줄 거야.", "인정받기를 원하면 최고가 돼라!"고 강요하는 우리 사회의 단면이 고스란히 아이들에게도 전해지는 것이다. 그로 인해 아이들은 성취 부족을 불행으로 단정 짓는다.

자신이 불행하다고 생각하는 사람은 타인과도 친밀한 관계를 유지하기가 힘들고 항상 마음이 허전하여 타인에게도 비판적인 경향이 있다. 십대들이 자신의 성취 부족에 집중하여 자신이 불행하다고 여기기보다 자신이 어떤 사람인지를 고민하며 자기 자신을 사랑하려는 노력을 기울여야 하는 중요한 시기임을 알았으면 한다. 그러기 위해서 먼저 자기 자신을 신뢰하고 존중하여 마음의 힘을 얻는 모습을 생활 속에서 부모로부터, 선생님으로부터 보고 배울 수 있는 사회적 분위기를 조성해주어야 한다.

십대 아이들이 자기를 사랑하기 위해서는 자존감의 변화가 우선이다. 자신의 능력을 소중히 하고 자신을 가치 있는 사람이라고 여기는 마음이 바로 그것이다. 그것을 위해 우리가 그들의 주위에서 보내는 불만스러운 시선을 떼자. 그들 나름대로 치열하게 삶을 살아내고 있으며 나름대로 인생을 설계하고 방향을 설정하는 것을 기특하게 바라보자. 우려를 앞세우지 말고 기대를 품어야 한다. 잘못한 것에 대한 질책보다 따뜻한 위로로 그들이 격려받고 있다는 느낌을 심어주는 것이다. 그들이 작은 성취에 만족하며 소소한 기쁨을 확장시켜 나가도록 곁에서 친구가 되어주자. 그들이 실수나 자신의 능력 부족을 자책하기보다 자기를 인정하고 수용하는 것, 이것이야말로 우리 아이들이 자신의 삶에 시동을 거는 출발점이다.

곁에 있어 줄게

자존감 선언문

지은이 : 벗꽃샘

나는 이 세상에서 하나밖에 없는 사람이다.
세상 어디에도 나와 같은 사람은 없다.
그래서 나는 소중하고 특별하다.

내가 다른 사람과 생각이 다를지라도,
감정이 다를지라도, 모습이 다를지라도
나는 나를 존중하고 사랑한다.

내가 나를 존중하고 사랑하듯이
나는 너를 존중하고 사랑한다.

내가 나를 있는 그대로 받아들이고,
내가 너를 있는 그대로 받아들이기 때문에
나도 괜찮고 너도 괜찮다.
우리는 참 괜찮고 멋진 사람들이다.

동료 교사가 메시지로 보내왔다. 자신이 직접 쓴 시로 요즘 부쩍 힘들어하는 내 모습에 마음이 쓰여 보냈다고 한다. 달콤하지도, 그렇다고 진한 향기가 나지도 않는 시인데도 목울대가 쿨럭하며 코끝이 찡해졌다. 누군가의 공감은 사람을 감동시키는 힘이 있는 것 같다. 한마디의 위로는 답답한 마음을 시원하게 해주는 청량감이 있나 보다.

상담하러 나를 찾아오는 아이들이 바로 이런 느낌을 받았으면 좋겠다. 직접 만나지는 못해도 이 책으로 마음을 열고 자신을 다독인 아이들이 자기 고민 덩어리를 깨부수는 해소감을 느꼈으면 하는 바람이다.

이 책을 쓰며 사례에 나온 아이들과 나도 함께 고민하고 성장했다. 십대의 고민이지만 근본적으로는 삶에 대한 고민이며 자신에 대한 탐구이고 자존감을 찾고 세우는 자기와의 싸움이었다. 책이나 자료조사를 통해 성심성의껏 대응해주었지만 미숙하고 미비한 점들이 책을 쓰는 도중에 보였다. '아, 그렇게 말하는 것이 아닌데.', '좀 더 공감해주었어야 하는데.', '네 잘못이 아니야 라고 분명히 말해줬어야 하는데.'라는 반성이 뒤따랐다. 지난날 아쉬움이 남는 부분을 이 책에서는 수정하고 채워 넣었다.

학교에서 학생을 만나는 교사라는 직업(가르치는 일)은 배제하고 하루 8시간 정도를 함께 하는 동지이자 친구가 되어 아이들과 같은 곳을 바라보고 눈높이를 맞추어 생각했다. 방황하고 반항하는 이유가 보이기에 편을 들어주었다. 어떻게든 고민과 싸우고 고군분투하는 모습을 응원했다. 누가 시킨 것도 아니고 강요한 것도 아니다. 그냥 우리의 십대들이 그렇게 해주기를 원하고 있다고 믿었다. 적어도 어른 한 명쯤 자기들 편이 되어 달라는 가슴의 호소를 들었다. 거기에 응답하고 싶었고 내가 바로 그런 사람이고 싶었다.

우리 아이들의 이야기를 담을 수 있도록 용기를 준 주변 동료 교사들의 격려가 감사하다. 특히, 애송이 후배 교사의 이야기를 인내심을 가지고 들어주고 마음을 써 준 마가렛 이미현 선생님께 감사의 인사를 전하고 싶다. 또한, 마음껏 꿈꿀 수 있도록 격려를 아끼지 않으시는 부모님께 존경과 감사의 마음을 전해드리고 싶다. 원고를 투고하고 나의 기대 이상으로 여러 군데의 출판사에서 출간제의가 들어왔다. 믿을 수 없었고 너무 기뻤다. 우리나라 십대들이 건강하게 성장하기를 바라는 어른들이 많다는 사실이 감동이었다. 이 자리를 빌어 부족한 원고가 멋진 책으로 완성되기까지 노력해주신 미디어숲 출판사 김영선 대표님과 이교숙 편집장께 깊은 감사의 말씀을 전한다.

끝으로 'GSM(지혜샘) 보고 싶어요! 힘내세요!'라며 귀여운 문자 메시지를 보내는 KIST(천진한국국제학교) 졸업생들과 우리 반 3학년 1반 학생들에게 사랑과 감사의 마음을 담아 고마움을 전한다.

"우리는 참 괜찮고 멋진 사람들이다."

중국 천진, 천탑이 보이는 만커피에서
김지혜 드림

자기가 생전에는 결코 그 밑에 앉아 쉴 수 없다는 사실을 잘 알면서도
그늘을 드리워 주는 나무를 심을 때에 그 사람은
적어도 인생의 의미를 깨닫기 시작한 것이다.

D.E.트루볼러드

위대한 인물들의 전기를 읽으며, 나는 그들이 쟁취한 첫 번째 승리가
자기 자신을 대상으로 한 것이었음을 발견했다.
그들 모두는 무엇보다도 우선 자기수양 과정을 이겨냈다.

체리S 트루먼

지금 적극적으로 실행되는 괜찮은 계획이
다음 주의 완벽한 계획보다 낫다.

조지 패튼